EUL VERLAG

Max Monauni

Fixkostenmanagement

Strategischer Ansatz zur Flexibilisierung von Produktionskapazitäten

Mit einem Geleitwort von Prof. Dr. Stefan Foschiani, Hochschule Pforzheim

EUL VERLAG

Bibliografische Information der Deutschen Nationalbibliothek

Die Deutsche Nationalbibliothek verzeichnet diese Publikation in der Deutschen Nationalbibliografie; detaillierte bibliografische Daten sind im Internet über <http://dnb.d-nb.de> abrufbar.

ISBN 978-3-8441-0038-9
1. Auflage Mai 2011

JOSEF EUL VERLAG GmbH
Brandsberg 6
53797 Lohmar
Tel.: 0 22 05 / 90 10 6-6
Fax: 0 22 05 / 90 10 6-88
E-Mail: info@eul-verlag.de
http://www.eul-verlag.de

Bei der Herstellung unserer Bücher möchten wir die Umwelt schonen. Dieses Buch ist daher auf säurefreiem, 100% chlorfrei gebleichtem, alterungsbeständigem Papier nach DIN 6738 gedruckt.

Geleitwort:

Im Rahmen des strategischen Produktionsmanagements spielen die Fertigungskapazitäten eines Unternehmens seit jeher eine bedeutende Rolle - Angesichts zunehmend unsicherer, turbulenter Umfeldentwicklungen gilt dies heute mehr denn je. Viele Unternehmen haben, mit Blick auf ihre Fertigungskapazitäten, in den letzten Jahren einen deutlichen Anstieg der Fixkosten zu verzeichnen. Hervorgerufen wird dies nicht zuletzt durch den vermehrten Einsatz fixkostenintensiver, automatisierter Produktionsanlagen sowie durch arbeitsrechtliche Einschränkungen im Hinblick auf die Anpassung der Mitarbeiterkapazität. Vor diesem Hintergrund stellt gerade die Beherrschung betrieblicher Fixkosten eine elementare Kompetenz zur Existenzsicherung und Wettbewerbspositionierung von Unternehmen dar.

Max Monauni nähert sich in der vorliegenden Arbeit dem Problem der Fixkostenbeherrschung zunächst durch eine Analyse von Auslösern betrieblicher Überkapazität und leitet daraus Ansatzpunkte zur Flexibilisierung von Produktionskapazitäten ab. Ausgangspunkt ist dabei die Entwicklung eines ganzheitlichen Ansatzes zur Identifikation unternehmerischer Überkapazitätsrisiken unter Betrachtung wirtschaftlicher, technischer, gesellschaftlicher und struktureller Anforderungen an die Wandlungsfähigkeit von Unternehmen. Auf dieser Basis erarbeitet Max Monauni systematisch eine Reihe kurzfristig wirksamer aber auch langfristig-strategischer Maßnahmen der Kapazitätsflexibilisierung, welche sowohl die Weiterentwicklung interner Kapazitäten als auch den Einbezug externer Optionen wie Betreibermodelle und strategisches In- bzw. Outsourcing berücksichtigen. Diese finden ihren Niederschlag in einem Katalog konkreter Einzelmaßnahmen, welche Unternehmen dazu befähigen sollen, das kurz- und langfristige Flexibilitätsniveau ihrer betrieblichen Fertigungskapazitäten entsprechend der gesamtunternehmerischen Zielsetzung zu gestalten.

Pforzheim, im Mai 2011 — Prof. Dr. Stefan Foschiani

C. Selbach, N. Högsdal, E. Liesegang und S. Foschiani

für die eröffneten Chancen

Inhaltsverzeichnis

Abbildungsverzeichnis

1 Grundlagen der Untersuchung

Und so ist die moderne Wirtschaft mit ihren hohen fixen Kosten des Heilmittels beraubt, das selbstständig Produktion und Konsumption in Einklang bringt. (Eugen Schmalenbach)

1.1 Problemstellung

EUGEN SCHMALENBACH formulierte bereits 1928 in seinem Vortrag anlässlich einer Tagung des *Verbandes der Betriebswirtschaftler an deutschen Hochschulen* seine "Grabrede auf die freie Wirtschaft".[1] Darin bezeichnet er die Verschiebung betrieblicher Produktionskosten hin zu Fixkosten als Ursache für den Untergang der freien Wirtschaftsform.[2] Indem ein wesentlicher Teil der Herstellkosten fix ist, führt eine Produktionsmengenreduzierung nicht mehr zu einer erheblichen Einsparung von (variablen) Kosten. Folglich werden laut SCHMALENBACH Unternehmen trotz einer sinkenden Nachfrage nach einer hohen Auslastung streben, um Leerkosten zu vermeiden. Die Zunahme der Fixkosten verhindert damit eine Marktanpassung und führt in die Ertragskrise.

Trotz des Fortbestandes der freien Wirtschaft, stellt SCHMALENBACHS Zusammenhang auch derzeitig ein erhebliches, unternehmerisches Existenzrisiko dar. Durch die zunehmende Kapitalintensität der Fertigungsanlagen und durch das deutsche Kündigungsschutzgesetz ist die Auslastung der Produktionskapazitäten gegenwärtig relevanter denn je, um Wirtschaftlichkeit sicherzustellen. So verfügen Umweltveränderungen auch gegenwärtig über das Potential, Unternehmen durch Umsatzeinbrüche bzw. Marktverschiebungen in Ertragskrisen zu stürzen, da deren Stückkosten mit abnehmender Kapazitätsauslastung drastisch steigen.

Die vorliegende Arbeit betrachtet Produktionskapazitäten anhand deren Auslastung und nimmt dabei die Sicherstellung eines angepassten Flexibilitätsniveaus aller Kapazitäten als Schlüsselkriterium einer herstellkostenoptimalen Auslastung wahr. Unternehmenskapazität wird dabei als verfügbares Leistungsvermögen definiert, dessen Aufrechterhaltung betriebliche Kosten verursacht.[3] Aus diesem Zusammenhang ergeben sich zwei unterschiedliche Kapazitätsrisiken: der Kapazitätsengpass und die Überkapazität. Der Kapazitätsengpass tritt als Resultat eines zu geringen Leistungsvermögens der Produktionskapazitäten auf. Um Lieferunfähigkeit vorzubeu-

---

[1] Hax, H. (1984), S.22
[2] Vgl. hier und im Folgenden: Schmalenbach, E. (1984), S.91-95
[3] Vgl. Kern, W. (1962), S.27

gen, existiert eine Vielzahl von Methoden zur Planung der Kapazitätsbelegung wie beispielsweise die engpass-orientierte Prioritätsplanung.[4] Das Risiko einer Überkapazität ist hingegen das Resultat geringer Nachfrage bei unflexiblen Produktionskapazitäten. Daraus entsteht eine betriebswirtschaftliche Fehlstellung, indem den Kosten für die Bereitstellung der Produktionskapazitäten keine Leistungen gegenüberstehen, da die Kapazität im Zeitabschnitt nicht genutzt wird. In der Literatur wird diese Fehlstellung vorwiegend theoretisch, als Gegenbeispiel zu einem Kapazitätsengpass, behandelt.[5] Hierbei ist auffällig, dass Maßnahmen zur Überkapazitätsvermeidung in Fachbüchern nicht auf dem Ergebnis einer ganzheitlichen Betrachtung der Einzelursachen basieren, aus welchen sich eine Erarbeitung von Lösungsansätzen ableitet, sondern schlicht Umkehrschlüsse aus den Maßnahmen zur Vermeidung von Kapazitätsengpässen darstellen.

1.2 Zielsetzung

Die vorliegende Arbeit zielt auf die Herleitung einer ganzheitlichen Strategie ab, um Produktionskapazitäten derart verfügbar zu machen und aufrecht zu erhalten, damit eine langfristige Basis für die kostenoptimale Umsetzung der unternehmerischen Kernkompetenzen geschaffen wird. Dem erarbeiteten Ansatz kommt damit folgende Aufgabe zu: "having the right resources, [...] for the right costs do the right work at the right speed to meet the right target [...] to exploit the right performance"[6]. Für *Ganzheitliches Kapazitätsmanagement* ergibt sich hieraus die Notwendigkeit einer holistischen Betrachtung, welche auf der Basis der Verknüpfung unterschiedlicher Perspektiven eine Gesamtstrategie entwirft. Diese hat zum einen den unternehmensspezifischen Flexibilitätsbedarf zu ermitteln, welcher sowohl die Unternehmensstrategie zur Schaffung von Wettbewerbsvorteilen unterstützt, als auch die unternehmerische Existenz kontinuierlich gewährleistet. Zum anderen hat *Ganzheitliches Kapazitätsmanagement* eine Flexibilisierungsstrategie zu erarbeiten und umzusetzen, welche das ermittelte Flexibilitätsniveau realisiert.

So verwies ERICH GUTENBERG bereits 1962 auf die Relevanz der Anpassungsfähigkeit bei (Produktions-)Kapazitäten hin, welche es ermöglicht kostenneutral auf Produktionsmengenände-

---

[4] Vgl. Gienke, H. & Kämpf, R. (2007), S.978ff.
[5] Die Erläuterung von Überkapazität findet der Vollständigkeit halber statt und stellt häufig nur die Negation der Maßnahmen zur Kapazitätserweiterung dar. Siehe hierzu: Gienke, H. & Kämpf, R. (2007), S.593; Grummitt, A. (2009)
[6] Vgl. Grummitt, A. (2009), S.23

rungen zu reagieren.[7] Die vorliegende Arbeit greift bewusst die traditionellen Kapazitätsansätze von SCHMALENBACH und dessen Nachfolger GUTENBERG auf und versucht diese, durch Anwendung gegenwärtiger Instrumente der Kapazitätssteuerung wie Kurzarbeit, Leasingmodelle und Szenarioplanung, weiterzuentwickeln. Als Gegenstand dieser Arbeit wird Kapazitätsmanagement ganzheitlich - also als ein vollständiger, alles umfassender Ansatz - untersucht. Dies impliziert eine Betrachtung der (unternehmens-)internen Einflussfaktoren ebenso wie den umfassenden Einbezug der externen Zusammenhänge, welche die Produktionskapazität betreffen. Die internen und externen Faktoren sind dabei im Verhältnis zum Wettbewerbsumfeld zu ermitteln und ergeben sich erst durch Einbezug der entscheidungsrelevanten Rahmenbedingungen für Kapazitätsflexibilität, welche neben wirtschaftlichen auch von technischen, gesellschaftlichen und strukturellen Zusammenhängen ausgehen. Daraus ergibt sich die Hypothese der vorliegenden Untersuchung: *Erst durch den Einbezug unternehmensspezifischer interner und umfassender externer Zusammenhänge ist ganzheitliches Kapazitätsmanagement möglich.*

Der Fokus der Untersuchung liegt auf der Betrachtung der Produktionsaktivität aus einzelunternehmerischer Sicht. Deshalb ist anzumerken, dass folgende Faktoren in die Überprüfung der Hypothese nicht einbezogen werden: Es wird keine vorsätzliche Beeinflussung der Nachfrage aus Kapazitätsüberlegungen vorgenommen, um im Rahmen des Marketing-Mix oder der Lagerhaltung die Kapazitätsnutzung zu steuern (*Revenue Management*). Eine Verlagerung von Kapazitätseinheiten aus Konzernsicht findet nicht statt.

Das methodische Vorgehen der Arbeit verläuft anhand kritisch-rationaler Ansätze in Anlehnung an KARL POPPER. Die Problemstellung wird auf der Basis der Fachliteratur zu betrieblicher Kapazität dargestellt und bildet die Grundlage für die theoretische Untersuchung der Hypothese. Das Vorgehen der Arbeit orientiert sich an allgemeinen wissenschaftlichen, methodischen und rationalen Maßstäben, um die Hypothese im Rahmen einer deduktiven Schlussfolgerung zu überprüfen. Die Vorgehensweise ist rein theoretisch und betrachtet in einem allgemeinen Ansatz weder spezifische Länder noch Branchen. Darüber hinaus verzichtet die Untersuchung auf konkrete Rechenmodelle und überprüft die Aussagen nicht anhand empirischer Erhebungen. In Bezug auf rechtliche Grundlagen orientiert sich die Arbeit an der deutschen Gesetzgebung.

---

[7] Vgl. Gutenberg, E. (1962), S.62

1.3 Aufbau der Arbeit

Die Ausführungen zu *Ganzheitlichem Kapazitätsmanagement* gliedern sich in sechs Kapitel. Zu Anfang werden die notwendigen Grundlagen der Untersuchung dargestellt: Die Problemstellung wird konkretisiert, die Zielsetzung umrissen, das methodische Vorgehen erläutert und die notwendigen Begrifflichkeiten definiert.

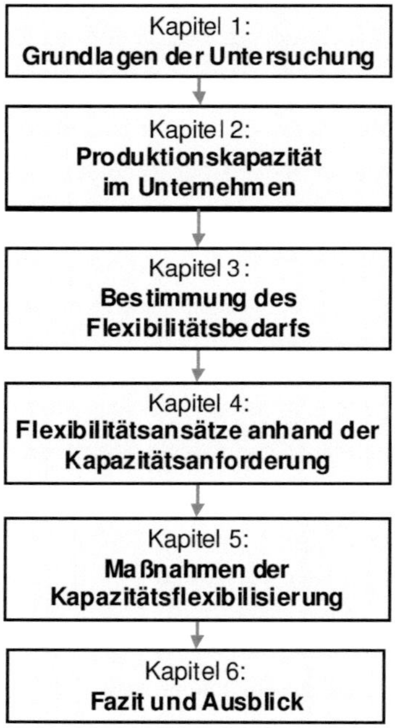

Abbildung 1: Aufbau der Arbeit

Kapitel zwei beschreibt den Zielkonflikt von Produktionskapazitäten als ein erforderliches Risiko zur Sicherstellung der unternehmerischen Leistungsfähigkeit und leitet daraus die Notwendigkeit für ein systematisches Kapazitätsmanagement ab. Es folgt die Betrachtung unterschiedlicher Kapazitätsanpassungsstrategien, um Produktionskapazität effizient einzusetzen und leitet daraus eine Notwendigkeit für unternehmerische Kapazitätsflexibilität ab. Daher ermittelt *Kapitel drei* den (unternehmens-)spezifischen Flexibilitätsbedarf anhand unterschiedlicher Betrachtungsweisen, um die Anpassungsfähigkeit der Produktionskapazität auf der Basis von deren Kosten und Nutzen zu steuern. Die Nutzenstiftung von Kapazitätsflexibilität ergibt sich hierbei aus dessen Beitrag zur Existenzsicherung und durch die Schaffung von Wettbewerbsvorteilen mit einer verbesserten Marktanpassung. Mit der Festlegung eines unternehmensspezifischen Flexibilitätsniveaus ergibt sich eine konkrete Nachfrage nach Kapazitätsflexibilisierung, um Kapazitätseinheiten anhand deren unterschiedlicher Flexibilitätsbedarfe einzeln anzusteuern. *Kapitel vier* erarbeitet Flexibilisierungsansätze durch die Betrachtung überkapazitätsverursachender Faktoren und bezieht hierfür gesellschaftliche, technische, wirtschaftliche und strukturelle unternehmensrelevante Zusammenhänge mit ein. Hieraus werden spezifische Anforderungen an die Produktionskapazitäten formuliert, um Überkapazität durch die geeigneten Flexibilitätsvoraussetzungen begegnen zu können. Im *fünften Kapitel* werden auf Basis vorangegangener Ergebnisse konkrete Einzelmaßnahmen entwickelt, um Kapazitäten auf unterschiedlichen Flexibilitätsebenen bewusst auf das gesamtunternehmerische Flexibilitätsniveau zu bringen. Dem schließt sich die Erarbeitung eines Gesamtkonzeptes an, welches mit einer systematischen Flexibilisierung anhand unterschiedlicher Einflussfaktoren die betrieblichen Kapazitätsrisiken reduziert und die Schwächen von Einzelmaßnahmen durch deren Kombination ausgleicht. *Kapitel sechs* fasst die Kernaussagen der Arbeit nochmals zusammen und gibt, neben der Darstellung einer Übertragbarkeit der Ergebnisse auf andere Bereiche, einen Ausblick für die spezifische Anwendung des entwickelten Vorgehens in der Praxis.

1.4 Abgrenzung relevanter Begrifflichkeiten

Im Rahmen der Untersuchung wird Flexibilität als Anpassungs- und Änderungsfähigkeit in Bezug auf sich wandelnde Umweltbedingungen verstanden.[8] Damit geht Flexibilität über die ursprüngliche Bedeutung des lateinischen Wortes "flexibilis" hinaus, welches für "biegsam, anpassungsfähig, geschmeidig" steht.[9] Im Gegensatz zu einer bloßen Verbiegung und der anschließenden Rückkehr in den ursprünglichen Zustand bezeichnet die hier untersuchte Flexibilität die Fähigkeit einer dauerhaften Anpassung im Sinne eines Evolutionsprozesses. Auf diese Weise befähigt Flexibilität ein Unternehmen zu einem kontinuierlichen Veränderungsprozess, welcher sich als ein Regelkreis aus der Identifizierung von Umweltveränderungen und deren Kompensation durch interne oder externe Maßnahmen darstellt.[10] Daher werden die Begriffe Flexibilität, Anpassungs- und Wandlungsfähigkeit nachfolgend als Synonyme verwendet. Der Begriff *Strategie* wird im Rahmen der Untersuchung in Anlehnung an GAUSEMEIER & PFÄNDER als "eine spezifische Kombination von Einzelentscheidungen" wahrgenommen, damit nutzt die

---

[8] Vgl. Kaluza, B. & Blecker, T. (2005), S.8
[9] Vgl. hier und im Folgenden: Burmann, C. (2005), S.30/31
[10] Vgl. hier und im Folgenden: Nagel, M. (2003), S.10/11

Arbeit diese Begrifflichkeit für die Beschreibung eines geplanten, aufeinander abgestimmten, systematischen Vorgehens zur Zielerreichung und nicht in Bezug auf die Langfristigkeit einer Maßnahme zur Abgrenzung zu taktischen bzw. operativen Handlungen.[11]

Die vorliegende Analyse betrachtet betriebliche Produktionskapazität mit der Zielsetzung, die unternehmerische Wettbewerbsfähigkeit zu verbessern. Dies geschieht auf Basis einer Kostenanalyse der Kapazitätsfaktoren. Aus Gründen der Einheitlichkeit betrachtet die Untersuchung Kosten (und Leistungen) einer Produktionskapazität allgemein auf Basis der statischen Kostenvergleichsrechnung. Ausschließlich in Kapitel fünf erfolgt eine Aufgliederung in ertrags- und liquiditätswirksame Einflüsse von Einzelmaßnahmen, um deren Beitrag zur Bewältigung von Ertrags- und Liquiditätskrisen zu betrachten.

Der Vollständigkeit halber geht der Untersuchung eine Klärung der relevanten Begrifflichkeiten voraus, welche für die anschließende Betrachtung unternehmerischer Kosten in Abhängigkeit zur Produktionsmenge wesentlich sind:[12]

- Variable Kosten sind von der Produktionsmenge abhängig. Es existiert eine direkte, positive Korrelation zwischen der Ausbringungsmenge und den variablen Kosten. Klassische Beispiele für variable Kosten sind Roh-, Hilfs-, und Betriebsstoffe.
- Fixe Kosten sind hingegen von der Produktionsmenge unabhängig. Diese resultieren vielmehr aus der Verfügbarkeit unternehmerischer Kapazität und werden unabhängig von deren Nutzungsgrad fällig. Beispiele hierfür sind Abschreibungen und kalkulatorische Zinsen der Fertigungsanlagen.

Fertigungslöhne werden, entgegen traditioneller Sicht, in der vorliegenden Arbeit nicht als variable Kosten erfasst. Neben dem moralischen Anspruch der Arbeit, Mitarbeiter nicht als variabel änderbaren Bestandteil des Produktionsprozesses wahrzunehmen, verhindert das geltende (deutsche) Arbeitsrecht eine kurzfristige Freisetzung.[13] Durch zunehmende, gesetzliche Limitierung wird die Durchführung von Massenentlassungen stark beeinträchtigt, auch unter der Zielsetzung diese grundsätzlich zu vermeiden.[14] Auf dieser Basis ist der kurzfristige Abbau von

---

[11] Gausemeier, J. & Pfänder, T. (2009), S.146
[12] Vgl. hier und im Folgenden: Jung, H. (2006), S.1114/1115
[13] Vgl. Faulhaber, P. & Landwehr, N. (2005), S.234; Mayer, R. (1998), S.1
[14] Vgl. Brox, H. & Rüthers, B. & Henssler, M. (2007), S.165: "Die §§17ff. KSchG dienen - unter Berücksichtigung der Wertung des EuGH - nicht nur arbeitsmarktpolitischen Zwecken (...), sondern sollen Massenkündigungen insgesamt vermeiden bzw. zahlenmäßig beschränken."

Mitarbeitern zur Produktionsanpassung ohne wirtschaftliche Einbußen nicht durchführbar, weshalb Lohnkosten als "perioden-fixe" Kosten erfasst werden.

Wegen der besonderen Fixkosten-Relevanz bei der nachfolgenden Kapazitätsbetrachtung folgt eine weitere Untergliederung der fixen Kosten anhand ihrer Auslastung:[15]

- Nutzkosten bezeichnen den Anteil der fixen Kosten, welcher durch Auslastung der Kapazitätseinheit in Anspruch genommen wird. Der Nutzkostenanteil drückt somit die Kapazitätsbereitstellungskosten aus, welche für die periodische Leistungserstellung notwendig sind.
- Leerkosten sind die fixen Kosten, welche für die Bereitstellung der Kapazitäten anfallen, obwohl diese nicht beansprucht werden. Sie geben als Residualgröße aus Fix- und Nutzkosten den Kostenbetrag an, welcher nicht in die betriebliche Wertschöpfung eingegangen ist, da keine periodische Leistungsbeanspruchung erfolgte.

[15] Vgl. hier und im Folgenden: Xylander, J. (2003), S.118

2 Produktionskapazität in Unternehmen

Wer die Freiheit aufgibt, um Sicherheit zu gewinnen, der wird am Ende beides verlieren. (Benjamin Franklin)

Das zweite Kapitel betrachtet Produktionskapazitäten als eine strategische und operative Bedingung für die Schaffung von Wettbewerbsfähigkeit. Indes zeigt das Kapitel Risiken auf, welche aus der Langfristigkeit und Kapitalintensität von Investitionen entstehen. Auf dieser Basis wird der Zielkonflikt durch den Kapazitätsaufbau verdeutlicht. Daraus leitet sich die Notwendigkeit für ein systematisches Kapazitätsmanagement ab, welches Strategien für eine unternehmensspezifische Kapazitätsanpassung zu ermitteln, festzulegen und umzusetzen hat.

2.1 Kapazität als Basis für Leistungsfähigkeit

Betriebswirtschaftlich ist Kapazität definiert als "das Leistungsvermögen einer wirtschaftlichen oder technischen Einheit – beliebiger Art, Größe und Struktur – in einem Zeitabschnitt".[16] Die Kapazität eines Unternehmens beschreibt somit das gesamte Leistungspotential der unternehmerischen Tätigkeit pro Zeitabschnitt.[17] Die Summe der Kapazitätsfaktoren an Fertigungsanlagen und -mitarbeitern definiert die Produktionskapazität.[18] Diese stellt das direkte Herstellungspotential des Unternehmens dar.[19] Eine Ermittlung der Faktorenleistung kann in den Dimensionen Qualität und Quantität erfolgen.[20] Für die vorliegende Untersuchung wird die quantitative Ausbringungsmenge der Kapazitätsfaktoren betrachtet sowie deren Flexibilitätsgrad bei Produktionsmengenänderungen.

Eine verfügbare Kapazität stellt damit das spezifische Potential für eine künftige Leistungserstellung dar und befähigt ein Unternehmen durch den Zugriff auf eine Kapazität dazu, bestimmte Leistungen zu erbringen.[21] Aus diesem Leistungspotential leitet sich eine Möglichkeit zur Schaffung von unternehmerischen Wettbewerbsvorteilen ab: Durch die bewusste Entscheidung für spezifische Aktivitäten können sich Unternehmen vom Wettbewerb abheben.[22] PORTER be-

---

[16] Kern, W. (1962), S.27
[17] Vgl. Funk, J. (1984), S.5; Wöhe, G. & Döring, U. (1990), S.326
[18] Vgl. Gienke, H. & Kämpf, R. (2007), S.588
[19] Die vorliegende Arbeit betrachtet distributive Faktoren und Gebäudeinfrastruktur als indirekte Produktionskapazitäten, daher erfolgt keine detaillierte Betrachtung von deren Flexibilität.
[20] Vgl. Corsten, H. & Gössinger, R. (2005), S.109
[21] Vgl. Houtman, J. (2005), S.23
[22] Vgl. hier und im Folgenden: Porter, M. (1999), S.51ff.

schreibt diesen Zusammenhang zwischen dem unternehmens-individuellen Aufbau von Aktivitäten zu einer Wertkette (*Value Chain*) und der daraus erwachsenden, strategischen Positionierung des Unternehmens durch die Herstellung von kundenspezifischen Produkten. Elementar für PORTER ist hierbei die eindeutige Positionierung des Unternehmens anhand einer generischen Strategie, welche die Konzentration auf eine Marktnische, die Kostenführerschaft oder die Differenzierung ermöglicht. "Betriebliche Effizienz ist keine Strategie" – zwar stellt diese eine notwendige Voraussetzung für den Unternehmenserfolg dar, ist jedoch kein hinreichendes Kriterium, um unternehmerische Zielkonflikte bei der Marktpositionierung zu vermeiden.[23] Aus diesem Grund führt erst die Entscheidung für eine generische Strategie, welche gleichzeitig immer eine Entscheidung gegen bestimmte Kundensegmente darstellt, zu einer klaren, widerspruchsfreien Positionierung im Markt, welche zu unternehmerischem Erfolg befähigt.[24]

Um die angestrebte Positionierung im Wettbewerbsumfeld zu erreichen, kombiniert ein Unternehmen unterschiedliche Aktivitäten der betrieblichen Leistungserstellung (Faktorkombinationsprozess).[25] Einen systematischen Ansatz, um alle unternehmerischen Aktivitäten abzubilden, die am Wertschöpfungsprozess beteiligt sind, bietet das Modell der *Value Chain* (Wertkette) von PORTER.[26] Dieses stellt die einzelnen Funktionen der Leistungserstellung in einen Gesamtzusammenhang, in welchem die "physisch und technologisch unterscheidbaren, von einem Unternehmen ausgeführten Aktivitäten" als neun Wertaktivitäten dargestellt werden.[27] Das *Value Chain* Modell unterteilt die Wertaktivitäten in fünf primäre, am physischen Herstellprozess orientierte Aktivitäten und vier sekundäre, unterstützende Aktivitäten, welche funktionsübergreifende Aufgaben erfüllen (vgl. Abbildung 2).[28] Jede Wertaktivität bedarf unterschiedlicher Kapazitätsfaktoren, um deren Leistungsfähigkeit sicherzustellen. Damit ist jede einzelne dieser Wertaktivitäten durch Schaffung eines kundenrelevanten Alleinstellungsmerkmals in der Lage, strategische Wettbewerbsvorteile für das Unternehmen generieren.

---

[23] Porter, M. (1999), S.45
[24] Vgl. Porter, M. (1999), S.44
[25] Vgl. Fließ, S. (2009), S.245
[26] Vgl. hier und im Folgenden: Wagner, H. (2006), S.21
[27] Wagner, H. (2006), S.21
[28] Vgl. hier und im Folgenden: Wagner, H. (2006), S.21/22

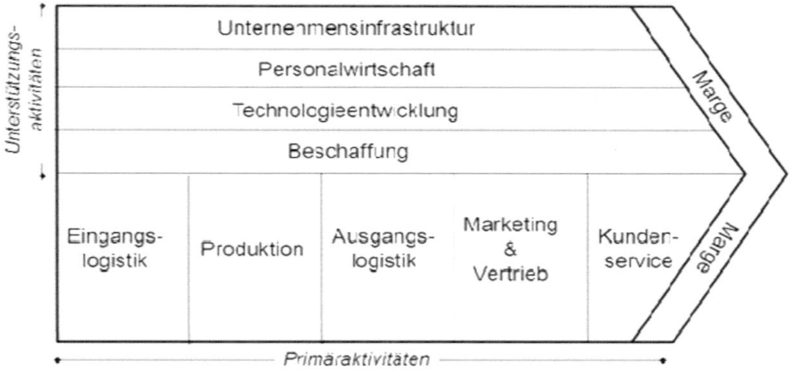

Abbildung 2: Value Chain nach Porter[29]

Die vorliegende Arbeit betrachtet maßgeblich die primäre Wertaktivität der Produktion.[30] Diese wird nachfolgend in Bezug auf die Steigerung der langfristigen Wettbewerbsfähigkeit des Gesamtunternehmens durch eine Flexibilisierung der Produktionskapazitäten betrachtet. Die Leistungsfähigkeit des Produktionsapparates ist in hohem Maße von den Produktionsanlagen und Fertigungsmitarbeitern abhängig.[31] Aus diesem Grund materialisiert sich die generische Strategie eines Unternehmens in dessen Investitionen in Kapazitäten.[32] Diese Kapazitäten stellen die Grundlage für die Herausbildung von unternehmerischen Produktionsprozessen dar, welche wiederum die Basis für die Produktherstellung bildet. Damit besteht gemäß PORTER für jedes Unternehmen die Notwendigkeit, Produktionskapazitäten derart zu gestalten, dass die angestrebte Wettbewerbsposition zu realisieren ist.[33] So ist beispielsweise eine besondere Produktqualität zur Differenzierung oder ein unterdurchschnittliches Herstellkostenniveau zur Erlangung der Kostenführerschaft erforderlich. Infolgedessen sind strategiekonsistente Kapazitätsinvestitionen eine wichtige Voraussetzung für die unternehmerische Leistungsfähigkeit und die Etablierung von Alleinstellungsmerkmalen.

[29] Porter, M. (1999), S.85

[30] In ihren Schnittmengen zum Produktionsbereich werden zusätzlich folgende Wertaktivitäten betrachtet: Personalwirtschaft sowie (prozessbezogene) Technologieentwicklung und Logistik.

[31] Nachfolgend werden die Begriffe *Fertigungsmitarbeiter* und *Mitarbeiter* analog verwendet, ebenso *Fertigungs-*, *Produktionsanlage* und *Maschine*.

[32] Vgl. hier und im Folgenden: Westkämper, E. & Balve, P. (2009), S.128

[33] Vgl. hier und im Folgenden: Porter, M. (1999), S.54ff.

In Ländern mit hohen Lohnkosten kommt der Entscheidung für generische Strategien eine besondere Relevanz zu, da Lohnkosten durch den gezielten Einsatz von Kapital und Produktions-Know-how kompensiert werden können.[34] Die Konzentration auf komplexe Produkte einer Kleinserie kann ebenso wie der Aufbau einer Serienfertigung mit einem großen Produktionsvolumen den Einfluss von Fertigungslohnkosten reduzieren. Mit der Fokussierung einer generischen Strategie ergibt sich jedoch ein erhöhtes Risiko von Überkapazität.[35] Durch Produktlaufzeit- bzw. Nachfrageänderungen würden den bereits getätigten Investitionsausgaben keine ausreichenden Rückflüsse aus Umsatzerlösen entgegenstehen.

Dennoch bleibt festzuhalten, dass die strategiekonforme Investition in Produktionskapazitäten zwingend erforderlich ist. Erst hierdurch können Alleinstellungsmerkmale geschaffen werden. Daraus leitet sich das unternehmerische Ziel ab, Produktionskapazität und Wettbewerbsposition derart zu erweitern, ohne dabei unternehmerische (oder branchenweite) Überkapazität zu verursachen.[36]

2.2 Kapazität als statischer Kostenblock

Durch die mehrperiodische Nutzungsdauer von Produktionsanlagen geht mit dem Aufbau von Produktionskapazität ein Investitionsrisiko einher. Für eine Investitionsentscheidung werden die künftigen Kosten (und Leistungen) auf Basis von unsicheren Erwartungen prognostiziert und entsprechend diskontiert. Auch die Einstellung von zusätzlichen Fertigungsmitarbeitern erhöht das unternehmerische Risiko, da das Arbeitsrecht keine kurzfristige Freisetzung der Belegschaft gestattet.[37] Infolgedessen führen nicht vorhersehbare Änderungen der Rahmenbedingungen, wie beispielsweise eine Erhöhung der Löhne oder der Energie- bzw. Kapitalkosten nach dem Investitionszeitpunkt, zu einer negativen Wirkung auf die Wirtschaftlichkeit der Investition.

Von größerer Relevanz für die Wirtschaftlichkeit der Kapazität als die Prognostizierung von potentiellen Bedingungsänderungen im Sinne des traditionellen Investitionsrisikos ist jedoch die Sicherstellung der Kapazitätsauslastung. So werden Investitionsentscheidungen im klassischen Controlling häufig auf Basis des Nettowertes bzw. anhand diskontierter Cashflows getroffen, obwohl hierbei die Prognostizierung des Leerzeitenrisikos vernachlässigt wird.[38] Dabei

---

[34] Vgl. hier und im Folgenden: Bartels, W. (1984), S.44ff.
[35] Vgl. Bartels, W. (1984), S.47
[36] Vgl. Porter, M. (2008), S.401
[37] Siehe Kap 1.5 - Grundlagen der Untersuchung
[38] Vgl. Porter, M. (2008), S. 402

ist der Nutzungsgrad von entscheidender Bedeutung für die Gewährleistung der Wirtschaftlichkeit.[39] Für den effizienten Einsatz der unternehmerischen Produktionskapazitäten ist die Auslastung der stärkste Kostentreiber und damit das bedeutsamste Kriterium für die Herstellkosten. Damit verschleiert die klassische Investitionsrechnung, gemäß PORTER, das Entscheidungsproblem, da die Auslastung als wichtigster Kostentreiber nicht ausreichend beachtet wird.[40]

Die Planung und Anschaffung von Kapazitäten erfolgt autonom durch das Unternehmen anhand von Zukunftserwartungen. Die tatsächliche Kapazitätsnutzung wird jedoch erst durch eine erfolgreiche Kundenintegration erreicht: Dabei erzeugt der Käufer als externer Faktor durch seine Kaufentscheidung einen Kapazitätsbedarf und aktiviert damit die Kapazität. Die Wirtschaftlichkeit der Kapazität ergibt sich damit hauptsächlich auf Basis von Konkurrenzentscheidungen und der Nachfrage- bzw. Technologieentwicklung. Aus der zeitlichen Differenz zwischen Kapazitätsanschaffung und -nutzung erklärt sich die Schwierigkeit der Auslastungssicherstellung.[41] Aus diesem Grund bewegt sich der Bestand an Produktionskapazitäten während der gesamten Nutzungsdauer in einem Spannungsfeld zwischen einem Kapazitätsengpass, welcher Umsatzerlöse begrenzt, und Überkapazität, welcher trotz Kosten keine wirtschaftliche Leistung gegenübersteht – beide Zustände belasten das Unternehmensergebnis.[42]

Festzuhalten bleibt, dass ein Verfügbar machen von Produktionskapazität aufgrund der Langfristigkeit und Kapitalintensität eine der wichtigsten Unternehmensentscheidungen darstellt.[43] Die Kapazitätserweiterung erfolgt auf der Basis von Erwartungen über zukünftige Konkurrenzentscheidungen und Kundennachfragen. Mit Blick auf diesen Zusammenhang soll nachfolgend die Kostenentwicklung betrachtet werden, wenn sich die Kundenintegration und damit die Auslastung über die Dauer der Kapazitätsnutzung hinweg verändert: Im Rahmen des betrieblichen Produktionsprozesses entstehen variable Kosten, zusätzlich werden durch Kapazitätsinvestitionen produktionsunabhängige Fixkosten verursacht. Da nur der variable Kostenblock bei unterschiedlichem Auslastungsgrad variiert, ergeben sich starke auslastungsbedingte Schwankungen der Produktstückkosten: Bei Vollauslastung entstehen dem Unternehmen hohe variable Kosten, gleichzeitig fallen die fixen Kosten vollständig in Form von Nutzkosten an (vgl. Abbil-

---

[39] Vgl. hier und im Folgenden: Yu-Lee, R. (2002), S.6/7
[40] Vgl. Porter, M. (2008), S. 402
[41] Vgl. hier und im Folgenden: Fließ, S. (2009), S.248
[42] Vgl. Bartels, W. (1984), S.32
[43] Vgl. hier und im Folgenden: Porter, M. (2008), S.401

dung 3). Diese Summe der variablen und fixen Kosten bildet die Gesamtkosten der Produktion, welchen der Wertbeitrag der hergestellten Produkte gegenübersteht.

Eine Reduzierung der Produktionsmenge resultiert bei unveränderten Produktionskapazitäten in einer geringeren Auslastung (Überkapazität). Damit reduzieren sich die variablen Kosten, die fixen Kosten verhalten sich produktionsunabhängig. Im Fall einer Produktionseinstellung sinkt der Anteil variabler Kosten an den Gesamtkosten auf Null. Die Fixkosten bleiben bestehen, wandeln sich jedoch vollständig von Nutz- zu Leerkosten, da keine Wertschöpfung an Produkten vorgenommen wurde. Damit ergibt sich eine allgemeine Zunahme der Produkt-Stückkosten bei Abnahme der Kapazitätsauslastung. Die variablen Kosten reduzieren sich, während die Fixkosten in Form von Leerkosten die Gesamtkosten belasten. Somit werden trotz einer Kostenreduzierung die Stückkosten höher (abnehmende Fixkostendegression).

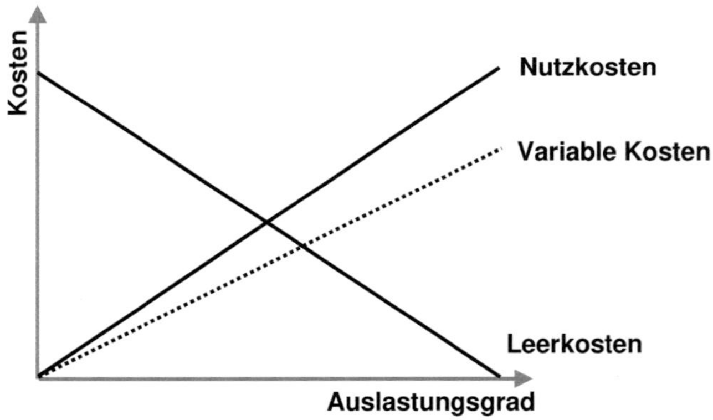

Abbildung 3: Kostenentwicklung in Abhängigkeit zur Auslastung

Dieser Zusammenhang verdeutlicht den direkten Einfluss des Kunden auf die Verteilung der Fixkosten in Nutz- und Leerkosten und damit auf die Produktivität des Unternehmens. Aus diesem Grund entsteht mit dem Ausbleiben von Aufträgen die Gefahr einer zunehmenden Unwirtschaftlichkeit.[44] Das jeweilige Ausmaß an Käufereinfluss ist stark von der unternehmerischen Kostenstruktur abhängig. Besonders Unternehmen mit hohem Fixkostenanteil sind demnach dem Risiko von Überkapazität ausgesetzt. So machen über 70% aller Unternehmen Fixkosten

[44] Vgl. hier und im Folgenden: Zentrum für Insolvenz und Sanierung an der Universität Mannheim e.V (2009), S.12/13

als die Hauptursache von unternehmerischen Fehlstellungen aus.[45] Unter anderem, da die Nicht-Reduzierbarkeit dieser Fixkosten bei einer Umsatzkrise sofort auf den Unternehmensgewinn durchschlägt. So sind bei 55% der Unternehmen "deutliche Überkapazitäten" für Ergebniskrisen verantwortlich.[46]

Während variable Kosten bei einem Nachfragerückgang angepasst werden können, hat ein Unternehmen die Fixkosten bei einem Auftragsrückgang in Form von Leerkosten selbst zu tragen. Das Risikopotential, welches aus fixen Kapazitäten erwächst, wurde bereits 1962 von Gutenberg beschrieben: "Für Betriebe, die mit stärkeren Benutzungsschwankungen rechnen müssen, ist mithin der Eignungswert von Betriebsmitteln um so größer, je breiter die Zone optimaler Nutzung ist".[47] Flexible Produktionskapazität bietet damit die Möglichkeit, dass eine Abweichung von der optimalen Produktionsmenge nicht zwangsläufig zu einer signifikanten Stückkostenerhöhung führt.[48] Damit bietet das Vorhalten von flexiblen Kapazitäten durch eine verbesserte Anpassungsfähigkeit die Chance auf einen unternehmerischen Wettbewerbsvorteil. Für die primäre Wertaktivität der Produktion ergibt sich hieraus ein viertes Optimierungskriterium, um unternehmerische Alleinstellungsmerkmale zu erzeugen. Neben Kosten, Qualität und Termintreue der Produktion wird deren Flexibilität zur Schaffung von Kundennutzen relevant.[49] Zum einen werden durch eine verbesserte Marktanpassung, vergleichbar mit der Liefertreue, operative Kostenvorteile geschaffen, zum anderen hält sich ein Unternehmen mit der Anpassungsfähigkeit der Kapazitäten alternative Entwicklungsmöglichkeiten offen.

Zusammenfassend bleibt festzuhalten, dass die Aufrechterhaltung von Produktionskapazität zu dauerhaften Fixkosten führt. Diese gefährden bei einer Überkapazität die Wirtschaftlichkeit eines Unternehmens, da den Kapazitätskosten keine Leistungen gegenüber stehen. Damit ergibt sich eine unternehmerische Notwendigkeit, Produktionskapazitäten derart zu gestalten, dass eine Anpassung bei Nachfrageänderungen möglich ist. Überdies erzeugt die proaktive Steuerung der Produktionskapazität einen Wettbewerbsvorteil, falls im Vergleich zur Branche Leerkosten minimiert werden können.

---

[45] Vgl. hier und im Folgenden: Schmidt-Gothan, H. (2007), S.126: "Insgesamt 90% der in eine Krise geratenen Unternehmen waren von zu hohen Kosten betroffen. Hohe Fix- und Gemeinkosten belasten dabei über 70% der Unternehmen."

[46] Vgl. hier und im Folgenden: Schmidt-Gothan, H. (2007), S.126: "Deutliche Überkapazitäten ([...] Overcapacity in all 'developed' markets [...]) führen noch bei immerhin etwas mehr als der Hälfte der Unternehmen zu Kosten- und Ergebniskrisen."

[47] Gutenberg, E. (1962), S.62

[48] Vgl. Gutenberg, E. (1962), S.62

[49] Vgl. Klein, A. (2009), S.18

2.3 Grundlagen des Kapazitätsmanagements

Produktionskapazitäten stellen im Unternehmen sowohl eine Notwendigkeit als auch einen Risikofaktor dar. Zum einen leisten sie einen elementaren Beitrag zur unternehmerischen Wettbewerbsfähigkeit, zum anderen birgt deren Fixkostenanteil ein Gefahrenpotential. Dies macht ein systematisches Management der Produktionskapazitäten notwendig. Management bezeichnet dabei die Übernahme von Führungsaufgaben, welche sich in Kontrolle, Planung und Steuerung untergliedern lassen.[50] In Bezug auf das *Ganzheitliche Kapazitätsmanagement* verstehen sich die drei dispositiven Aktivitäten innerhalb eines Unternehmens wie folgt:

- Die Planung ermittelt auf Basis der unternehmerischen Zielsetzung einen individuell erforderlichen Flexibilitätsbedarf. In diesem Prozess orientiert sich das Kapazitätsmanagement am Nutzen, welchen die Produktionsflexibilität zur Existenzsicherung bzw. zur Schaffung von Wettbewerbsvorteilen bietet.
- Die Kontrolle der Kapazitäten beinhaltet eine Analyse der gesamtunternehmerischen Kapazitätsflexibilität und eine Einordnung der unternehmerischen Kapazität im Verhältnis zum Wettbewerb. Identifiziert die Kapazitätskontrolle zusätzliche Flexibilitätsanforderungen an die Fertigungsmitarbeiter bzw. Anlagen, so impliziert dies eine konkrete Notwendigkeit, um eine Beseitigungsstrategie zu erarbeiten.
- Die Steuerung initiiert konkrete Handlungen zur Kapazitätsflexibilisierung. Dies erfolgt über (die Kombination von) Einzelmaßnahmen, welche die Flexibilität der Produktionsfaktoren einzeln ansteuern, um den gesamtunternehmerischen Flexibilitätsbedarf zu realisieren.

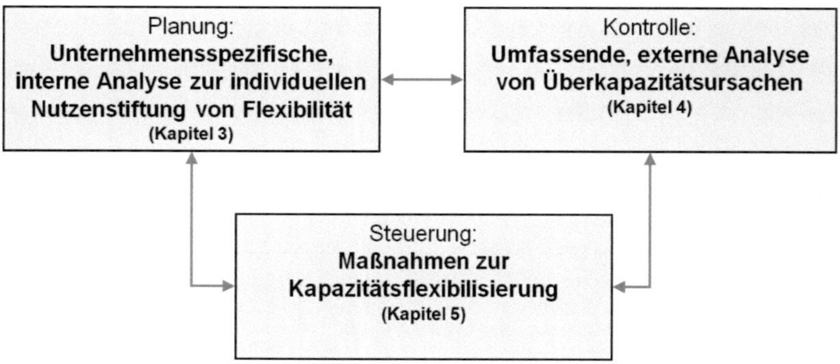

Abbildung 4: Ganzheitliches Kapazitätsmanagement

[50] Vgl. Wöhe, G. & Döring, U. (1990): S.106.

Diese drei Aktivitäten bilden einen stetigen Regelkreis und verfolgen damit die allgemeine Zielsetzung des Kapazitätsmanagements: "having the right resources, in the right place at the right time for the right costs to do the right work at the right speed to meet the right target for the right users to exploit the right performance to achieve the right results of the business".[51] Damit geht Kapazitätsmanagement weit über die Investitionsplanung und -durchführung hinaus, vielmehr verfügt Kapazitätsmanagement über alle unternehmerisch genutzten Kapazitäten, um diese anhand der gesamtunternehmerischen Strategie optimal einzusetzen. Die Umsetzung dieser Aufgabe erfolgt in einem zu definierenden Rahmen, welcher das Handlungsfeld von Kapazitätsmanagement festlegt und begrenzt. Daher ist an dieser Stelle Kapazitätsmanagement als eine reine Anpassungsstrategie von Kapazitätsmanagement als Anpassungs- und Beeinflussungsstrategie abzugrenzen, siehe hierzu Abbildung 5:[52]

- Kapazitätsmanagement im engeren Sinne umfasst ausschließlich die Anpassung der Kapazität: Somit obliegt der Anpassungsstrategie die Aufgabe, betrieblich notwendige Kapazitäten verfügbar zu machen und auf übergeordnete Unternehmensziele auszurichten (Sicherstellung von Wettbewerbsfähigkeit und Ertragskraft).[53] Zu diesem Zweck hat die Anpassungsstrategie eine Vorgehensweise zu entwickeln, um das Kapazitätsangebot (verfügbare Kapazitäten) derart mit der Kapazitätsnachfrage (Markt) in Einklang zu bringen, dass die Effizienz der Kapazitätseinheiten sichergestellt ist.

- Kapazitätsmanagement im weiteren Sinne beinhaltet neben der Anpassungsstrategie die direkte Beeinflussung der Kundennachfrage über den Marketing-Mix, um damit Überkapazität bzw. Kapazitätsengpässe zu vermeiden. Die Beeinflussungsstrategie ist damit in der Lage, die Auslastung der Kapazitätseinheiten zu steuern, ohne eine Veränderung der Produktionskapazitäten durchzuführen. Die Maßnahmen der Beeinflussungsstrategie werden unter dem Stichwort des *Revenue Management* zusammengefasst, welches besonders bei fixkosten-intensiven Unternehmen zum Einsatz kommt.

Die vorliegende Arbeit legt den Fokus bewusst auf Kapazitätsmanagement im engeren Sinne. Zum einen stellen Anpassungsmaßnahmen die Grundlage für die wirtschaftliche Nutzung der Produktionskapazität dar. Zum anderen können Marketingentscheidungen im Rahmen des *Revenue Management* zwar die kurzfristigen Erlöse maximieren, jedoch gelangt die Beeinflus-

---

[51] Grummitt, A. (2009), S.23
[52] Vgl. hier und im Folgenden: Von Martens, T. (2009), S.54
[53] Vgl. Wagner, H. (2006), S.20

sungsstrategie unter der Zielsetzung, langfristige Kundenbeziehungen nicht zu gefährden und Wettbewerbsvorteile aufzubauen an ihre Grenzen.[54]

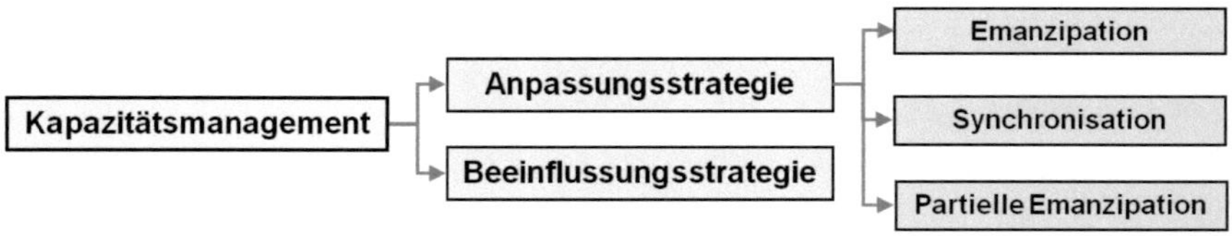

Abbildung 5: Strategien des Kapazitätsmanagements

Kapazitätsmanagement im engeren Sinne (Anpassungsstrategie) bewegt sich zwischen den Produktionsstrategien der *Emanzipation* und der *Synchronisation*. Diese veranschaulichen die beiden gegensätzlichen Reaktionsarten, um durch Kapazitätsanpassung auf Nachfragerückgänge zu reagieren:[55]

a) Die *Emanzipationsstrategie* entkoppelt die Produktions- von der Nachfragemenge, damit findet keine Anpassung der Produktionsmenge bei einer Nachfrageänderung statt (vgl. Abbildung 6). Die Vorteile liegen dabei in einer optimalen Auslastung und den geringen Produktionsänderungskosten. Gleichzeitig führt die Unabhängigkeit der Produktion bei Nachfrage-Abnahme zu Lagerbeständen, welche für Unternehmen zu Lager- und Kapitalbindungskosten führen. Weitere Nachteile sind Nebenkosten durch veraltete Positionen und eine verspätete Fehlererkennung und damit eine Anpassungsschwäche bei der Einführung neuer Produkte und Produktionsprozesse.[56]

b) Die *Synchronisationsstrategie* reagiert auf Nachfrageänderungen mit einer sofortigen Anpassung der Produktionsmenge. Durch die verringerte Ausnutzung der Produktionskapazität werden unwirtschaftlicher Lagerbestand und technische Abnutzung reduziert, im Gegenzug führt diese Strategie zu hohen Auslastungsschwankungen und Leerkosten.

[54] Vgl. Von Martens, T. (2009), S.77
[55] Vgl. hier und im Folgenden: Jung, H. (2006), S.466/467
[56] Vgl. Gienke, H. & Kämpf, R. (2007), S.565

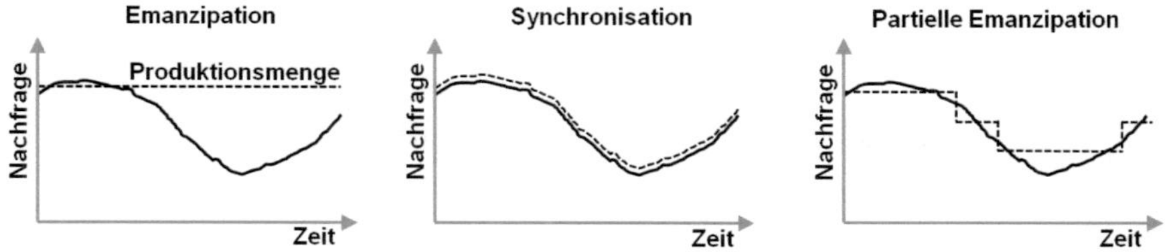

Abbildung 6: Kapazitätsanpassungsstrategien

Zwischen diesen Extremstrategien der Kapazitätsanpassung existiert die Möglichkeit der *Partiellen Emanzipation*, welche durch eine stufenweise Anpassung der Kapazitätseinheiten gekennzeichnet ist.[57] Diese Kombination aus den Extremstrategien begünstigt eine "emanzipierte" Produktion und realisiert damit durchgängig hohe Auslastungsquoten. Gleichzeitig verhindert eine marktabhängige Anpassung der Kapazitätsmenge die Entstehung eines unwirtschaftlich hohen Lagerbestands bei Nachfrage-Abnahme. Daher bietet die *Partielle Emanzipation* eine Handlungsoption, um dem Zielkonflikt zwischen geringer Auslastung und hohen Fertigwarenlagerbeständen gerecht zu werden. Dies bietet folgende Vorteile: Durch die zeitnahe Reduzierung von Überkapazität werden Leerkosten vermieden, was die zeitnahe Amortisation von kapitalintensiven Produktionstechnologien begünstigt. Darüber hinaus trägt die flexible Produktionsanpassung den kurzen Produktzyklen sowie den hohen Lager- (und Lagerzusatz-)Kosten Rechnung. So werden mit der Realisierung einer Produktionsablaufsteuerung nach dem marktorientierten Pull-Prinzip Lagerbestände und Kapitalbindung auf Zwischenproduktionsstufen reduziert. Damit generiert Kapazitätsmanagement durch die erfolgreiche Umsetzung der *Partiellen Emanzipationsstrategie* eine positive Wirkung bei der Existenzsicherung und der Schaffung einer Wettbewerbsposition für das Gesamtunternehmen.

Mit der Umsetzung der *Partiellen Emanzipation* gewinnt jedoch die Flexibilität der Produktionskapazitäten eine erfolgskritische Bedeutung. Da Kapazitätsauslastung als ein entscheidender Faktor zur Sicherstellung der Wirtschaftlichkeit gilt, entsteht bei Nachfragerückgang eine unternehmensinterne Nachfrage nach Kapazitätsanpassungsmöglichkeiten.[58] Indem die Kundennachfrage und damit auch die Kapazitätsbelastung schwankt, stellt dies eine dauerhafte Anforderung an die Flexibilitätserhaltung der Kapazitätseinheiten dar. Die Kapazitätsstrategie der *Partiellen Emanzipation* greift damit aktuelle Tendenzen des Produktionsmanagements auf: Wurde der zukünftige Unternehmenserfolg traditionell anhand der Kriterien *Kosten*, *Qualität*

---

[57] Vgl. hier und im Folgenden: Perlitz, M. (2004), S.381
[58] Vgl. Jodelbauer, H. (2007), S.90

und *Termintreue* prognostiziert, so wird das Kriterium der *Flexibilität* in produzierenden Unternehmen zunehmend wichtig.[59] Der Bedarf an unternehmerischer Flexibilität offenbart sich erst mit dem Auftreten einer Nachfrageänderung, welche eine Anpassungsnotwendigkeit generiert. Die Ressourcenflexibilität für diesen Fall zu erhalten und nicht gegenüber kurzfristigen Zielen zu vernachlässigen, rückt damit in den Fokus des Kapazitätsmanagements. Um dieser Aufgabe gerecht zu werden, hat eine detaillierte Prognose von unterschiedlichen Auslastungsszenarien bereits bei der Investitionsplanung zu erfolgen. Diese ist notwendig, damit Kapazitätsmanagement neben dem Kapazitätsaufbau auch die -wandlungsfähigkeit und -abbaubarkeit sicherstellen kann und damit die effiziente Kapazitätsnutzung dauerhaft ermöglicht.[60] In diesem Zusammenhang wird Kapazitätsmanagement häufig auch als "Flexibilitätsmanagement" bezeichnet, da die Kapazitätsflexibilität einen wichtigen Erfolgsfaktor darstellt.

In Anlehnung an MARKOWITZ kann Kapazität als eine Kombination aus Rendite und Risiko erfasst werden.[61] Vereinfachend verfügt eine Produktionskapazität hierbei durch deren Effizienz über eine (zu erwartende) Rendite, während die Kapazitätsflexibilität das Risiko abbildet: Eine breite Einsetzbarkeit, schnelle Wandlungsfähigkeit und eine regulierbare Kostenstruktur reduzieren dabei das Auslastungsrisiko einer Kapazitätseinheit. Der Investor wählt in diesem Kontext eine individuell zweckmäßige Risiko-Rendite-Kombination anhand der eigenen Zielsetzung. Wichtig ist jedoch, dass Rendite nur durch den Kauf von Risiko erreichbar ist. Gleichzeitig verursacht die Flexibilität einer Ressource betriebliche Kosten und reduziert damit die Rendite.[62] Vergleichbar mit der Portfolioauswahl von Wertpapieren kommt dem Kapazitätsmanagement im Rahmen der Kapazitätsgestaltung die Aufgabe zu, einzelne Produktionskapazitäten derart auszuwählen, dass:[63]

a) ineffiziente Portfoliokombinationen vermieden werden. Eine Zusammenstellung ist ineffizient, wenn ein anderes Portfolio bei gleichem Ertrag eine höhere Flexibilität bietet bzw. ohne Flexibilitätsverlust über eine höhere Rendite verfügt. Auf diese Weise leistet Kapazitätsmanagement einen Beitrag zur Wirtschaftlichkeitssicherung des Unternehmens, da effi-

---

[59] Vgl. hier und im Folgenden: Klein, A. (2009), S.18: "Neben den genannten drei klassischen Optimierungskriterien spielt heute die 'Flexibilität', d. h. die Fähigkeit, die gestiegene Modell- und Variantenvielfalt beherrschen und auf Nachfrageschwankungen flexibel reagieren zu können, eine immer größere Rolle."
[60] Vgl. hier und im Folgenden: Kaluza, B. & Blecker, T. (2005), S.8/9
[61] Vgl. hier und im Folgenden: Markowitz, H. (1991), S.23
[62] Vgl. Nagel, M. (2003), S.16
[63] Vgl. hier und im Folgenden: Markowitz, H. (1991), S.22/23

ziente Produktionskapazitäten zum Einsatz kommen.[64] Um engpassbedingte Überkapazitäten zu vermeiden, fällt der Harmonisierung der Produktionskapazitäten untereinander eine besondere Bedeutung zu, um Leerkosten durch Kapazitätsengpässe einzelner Kapazitätseinheiten zu verhindern.[65]

b) das Kapazitätsportfolio eine gesamtunternehmenskonforme Rendite-Risiko-Kombination darstellt. Jede Kapazität verfügt neben spezifischen Kosten pro Kapazitätspotential/Zeiteinheit über einen eigenen Flexibilitätsgrad. Hieraus ergibt sich ein kapazitätsindividueller Rendite-Risiko-Koeffizient pro Kapazitätsfaktor. Dem Kapazitätsmanagement kommt die dauerhafte Aufgabe zu, diesen Koeffizienten über alle Produktionskapazitäten hinweg auf einem Niveau zu halten, welches den Unternehmenszielen und der Risikoaversion der Geschäftsführung angepasst ist.[66]

Durch den Einsatz von Kapazitätsmanagement wird ein Unternehmen befähigt dem Kapazitätszielkonflikt bei Nachfragerückgang zu begegnen ohne geringe Auslastung oder hohe Lagerbestände zu verursachen. Durch eine Flexibilitätserweiterung der Produktionskapazitäten erarbeitet sich ein Unternehmen die Möglichkeit, die Kapazitätsanpassungsstrategie der *Partiellen Emanzipation* umzusetzen. Zu diesem Zweck hat ein Unternehmen das spezifisch notwendige Niveau an Flexibilitätsbedarf für sich eindeutig festlegen. Hierfür ist zu erarbeiten, inwieweit kostenverursachende Zusatzflexibilität einen unternehmensindividuellen Nutzen stiftet.

---

[64] Vgl. Fließ, S. (2009), S.248
[65] Vgl. Gadatsch, A. & Mayer, E. (2006), S.330
[66] Vgl. Fließ, S. (2009), S.248

3 Bestimmung des Flexibilitätsbedarfs

Wenn du eine Entscheidung treffen musst und du triffst sie nicht, ist das auch eine Entscheidung. (William James)

Zur angemessenen Umsetzung der *Partiellen Emanzipation* stellt das dritte Kapitel eine Vorgehensweise zur Ermittlung des individuellen Flexibilitätsbedarfs eines Unternehmens vor, um damit eine kostenoptimale Produktion sicherzustellen. Das Kapitel analysiert unterschiedliche Kriterien der Kapazitätssteuerung und deren Vorgehensweise, um Produktionskapazitäten zu bewerten. Darauf aufbauend erfolgt eine Herleitung des nutzenstiftenden Potentials von Kapazitätsflexibilität im Unternehmen. Auf dieser Basis ergibt sich eine Ableitung, inwieweit Flexibilitätsbedarf unternehmensspezifisch eine Notwendigkeit oder ein Alleinstellungsmerkmal darstellt und dementsprechend im Unternehmen aufzubauen ist.

Im Rahmen von Kapitel drei erfolgt die Überprüfung eines Teilbereichs der Hypothese. Indem Kriterien für die Ermittlung des Flexibilitätsniveaus betrachtet werden, wird gleichzeitig erkennbar, inwieweit die entscheidungsrelevanten Einflussfaktoren für den Flexibilitätsbedarf zwischen verschiedenen Unternehmen gleichverteilt sind. Für die Untersuchung bedeutet dies konkret: Wenn die flexibilitätsrelevanten Kriterien unabhängig von einzelunternehmerischen Entscheidungen sind, so falsifiziert dies die Hypothese, dass *Ganzheitliches Kapazitätsmanagement* unternehmensspezifisch zu gestalten ist.

3.1 Kriterien der Kapazitätssteuerung

Das vorliegende Unterkapitel eröffnet Betrachtungsweisen, anhand derer die Kapazitätssteuerung durchgeführt werden kann. Zum einen kann dies über eine kostenseitige Betrachtung erfolgen, welche Überkapazitätskosten zu minimieren versucht. Zum anderen ist eine Betrachtung der Nutzenstiftung von Kapazitätsflexibilität möglich. Dieser Ansatz lässt Überkapazitätskosten lediglich dann zu, wenn hieraus unternehmerischer Nutzen entsteht. Da beide unterschiedlichen Betrachtungsweisen letztlich auf eine Verbesserung der unternehmerischen Kosten abzielen, schließen sich die Ansätze nicht pauschal aus. Daher erfolgt an dieser Stelle eine Analyse der beiden Ansätze im Hinblick auf deren Unterschiedlichkeit und Kombinationsmöglichkeiten.

Zur kostenmäßigen Bewertung der unternehmerischen Kapazität gibt es zahlreiche, unterschiedlich komplexe theoretische Ansätze, wobei sich bisher kein allgemein gültiges Modell in der Literatur durchgesetzt hat.[67] Vielversprechend ist das Konzept der *Kapazitätskostenrechnung* von MAYER, eine Weiterentwicklung der Grenzplan- und Prozesskostenrechnung von HORVÁTH, welche Kapazitäten auf Basis deren "Abbaubarkeit" betrachtet.[68] Dieses Modell der kapazitätsorientierten Kostenrechnung betrachtet *Leistungskosten*, welche sich abhängig von der spezifischen Produktionsmenge verändern, im Kontrast zu *Bereitschaftskosten* als eine Konsequenz von Kapazitätsaufbau bzw. -abbau. Damit werden vorhandene Flexibilitätskosten auf Stückkostenbasis als eine erkennbare Differenz zwischen den optimalen und den tatsächlichen Bereitschaftskosten visualisiert. Produktionskapazitäten werden "durch sogenannte 'Betriebsbereitschaftsgraden' in Min./Monat je Kostenplatz bzw. Kapazitätspools" individuell erfasst, was die transparente Betrachtung von Überkapazität einzelner Kapazitätsfaktoren zulässt.[69] Darüber hinaus erfolgt eine Erfassung der zeitlichen Veränderbarkeit aller Kapazitätsfaktoren. Dies versetzt die *Kapazitätskostenrechnung* in die Lage, bestehende Überkapazitäten aufzuzeigen und konkrete Kapazitätsfaktoren zu identifizieren, welche zur zeitnahen Umsetzung einer Kostenreduzierungsmaßnahme verfügbar sind.

Hervorzuheben ist, dass die Ermittlung der Kapazitätskosten hierbei im Verhältnis zum aktuellen Marktgeschehen stattfindet, da dieses die Kapazitätsbelegung und damit die Berechnung der Kapazitätskosten direkt beeinflusst. Das Modell bietet die Möglichkeit, Kostenauswirkungen von unterschiedlichen Kapazitätsbelegungsszenarien über die gesamte Kapazitätsnutzungsdauer abzubilden, lässt jedoch den Aufbau unternehmensspezifischer Szenarien außen vor. Damit befähigt das Konzept der *Kapazitätskostenrechnung* Unternehmen dazu, ihre gegenwärtige Ist-Flexibilität kostenmäßig zu erfassen und daraus konkrete Handlungsempfehlungen abzuleiten.

Die vorliegende Untersuchung zielt mit ihrem erarbeiteten Ansatz, nachfolgend als *Ganzheitliches Kapazitätsmanagement* bezeichnet, ebenfalls darauf ab, greifbare Handlungen zur Steuerung der Produktionskapazität zu erarbeiten, um Überkapazität zu verhindern. Die Zielsetzung dieser Methode wird in der vorliegenden Arbeit jedoch um zwei Dimensionen erweitert und weist damit Unterschiede in der Vorgehensweise im Vergleich zur *Kapazitätskostenrechnung* auf. Zum einen wird der Nutzen von unternehmerischer Flexibilität als strategischer Einflussfaktor zur Schaffung von Alleinstellungsmerkmalen wahrgenommen. So ergänzt die vorliegende Arbeit die Betrachtungsweise dahingehend, dass nicht genutzte Zusatz-Kapazitäten nicht, wie

---

[67] Vgl. Kaluza, B. & Blecker, T. (2005), S.9/10
[68] Vgl. hier und im Folgenden: Mayer, R. (1998), S.109/110
[69] Mayer, R. (1998), S.109

in der *Kapazitätskostenrechnung*, einheitlich einen negativ zu bewertenden Kostenfaktor darstellen. Vielmehr wird Überkapazität auch als Grundlage für Innovationsfähigkeit oder als notwendige Basis für Serviceleistungen wahrgenommen, welche (besonders im Dienstleistungssektor) unternehmerische Wettbewerbsvorteile schaffen kann.[70] Zum anderen prognostiziert diese Arbeit, unter Einbezug der strategischen Zielsetzung des Unternehmens, den zukünftigen Flexibilitätsbedarf und ermittelt damit im Vergleich zur *Kapazitätskostenrechnung* ein langfristiges Bedarfsniveau im Vergleich zum Wettbewerb.

Dies resultiert in folgenden Unterscheidungen der Konzepte: Der hier dargelegte Ansatz des *Ganzheitlichen Kapazitätsmanagement* ist weniger exakt, da der künftige Kapazitätsnutzungsgrad nicht eindeutig zu bestimmen ist. Damit können die konkreten Kapazitätskosten nicht zahlenmäßig erfasst werden. Dies ist im Sinne der Fragestellung jedoch auch nicht relevant, da die Kosten für Kapazitätsflexibilität nicht pauschal reduziert werden sollen. Der Ansatz des *Ganzheitlichen Kapazitätsmanagement* steuert Kapazitäten nicht anhand von Kosten, sondern liefert eine Methode, um Kapazität anhand des notwendigen Flexibilitätsbedarfs zu steuern, was der ebenfalls langfristigen Kapazitätsnutzungsdauer gerecht wird. Zudem bietet das *Ganzheitliche Kapazitätsmanagement* durch die Loslösung von der exakten, gegenwärtigen Kapazitätsauslastung den Vorteil, dass Indifferenzen zwischen Nachfrage und Auslastung keinen Einfluss auf die Ergebnisse haben. Hingegen wirken sich kurzfristige Marktveränderungen durch Bestandsveränderungen und die Vergangenheitsbetrachtung der *Kapazitätskostenrechnung* auf diese erst zeitverzögert aus.

Aufgrund der Unterschiedlichkeit dieser beiden Ansätze ist das *Ganzheitliche Kapazitätsmanagement* nicht als Gegenentwurf zur *Kapazitätskostenrechnung* zu sehen. Vielmehr versteht sich der hier erarbeitete Ansatz als eine Ergänzung der *Kapazitätskostenrechnung*, um durch die Ermittlung des zukünftigen Flexibilitätsbedarfs gegenwärtig Maßnahmen zur Kapazitätsflexibilisierung einzuleiten und damit Kapazitätskosten zu optimieren. Durch diese frühzeitige Flexibilitätsbeeinflussung erhöht sich das zukünftige Einflussspektrum der *Kapazitätskostenrechnung*. Darüber hinaus bietet die *Kapazitätskostenrechnung* eine Kontrollmöglichkeit, welche potentielle Fehlentwicklungen der Flexibilitätsprognosen offenlegt und damit eine Plausibilitätsprüfung

---

[70] Vgl. Fließ, S. (2009), S.174: "Bei Dienstleistungen kann auch die Kapazitätsauslastung als Indikator für die Qualität der Dienstleistung angesehen werden. So gilt ein Restaurant, in dem es schwierig ist, einen Platz zu erhalten oder in dem eine sehr frühzeitige Reservierung erforderlich ist, als Anbieter hoher Qualität."

des *Ganzheitlichen Kapazitätsmanagement* durchführt. Aus diesen Gründen erscheint eine Koexistenz der Ansätze zielführend.

3.2 Nutzenstiftung durch Kapazitätsflexibilität

Zur Umsetzung des *Ganzheitlichen Kapazitätsmanagement* erfolgt nachstehend eine Betrachtung der Auswirkungen von unternehmerischer Kapazitätsflexibilität. Dies geschieht nicht auf Basis von internen Kosten, sondern ermittelt sich im Verhältnis zum Wettbewerb und dessen Anforderungen an die unternehmerische Flexibilität. In Anlehnung an Kapitel 2.2, schließt sich die Betrachtung an, wie Flexibilität unternehmerischen Nutzen stiftet. Dabei wird analysiert, welche Kriterien Einfluss auf das Ausmaß der Nutzenstiftung haben und inwieweit ein Einzelunternehmen von Kapazitätsflexibilität profitiert:

a) Unternehmerische Flexibilität der Produktionskapazität spendet Nutzen bei der dauerhaft zu gewährleistenden Existenzsicherung, indem erhebliche Überkapazität vermieden werden kann. Damit sichert Flexibilität das Unternehmen, falls das Flexibilitätsniveau eine Produktionskostenreduzierung zulässt, um entstandene Umsatzverluste zu kompensieren. Auf diese Weise wirkt Kapazitätsflexibilität wie ein *Krisenverlangsamer* und verbessert damit die Krisenanpassung und -behebung.

b) Ein weiterer Flexibilitätsnutzen ergibt sich durch potentielle Wettbewerbsvorteile, wenn die unternehmerische Kapazitätsflexibilität durch eine Anpassung an das marktgerechte Niveau die notwendigen Voraussetzungen für die Umsetzung der *Partiellen Emanzipation* erfüllt. Damit wird das Unternehmen befähigt, kostenoptimal den vom Kunden gewünschten Servicelevel anzubieten, da weder eine geringe Auslastung noch hohe Lagerbestände an Fertigprodukten auftreten.

Anhand dieser Nutzenpotentiale wird nachfolgend die Bestimmung des Flexibilitätsniveaus vorgenommen, indem die Auswirkungen von Existenzsicherungsmaßnahmen und Einflüsse auf die Wettbewerbsposition unternehmensindividuell ermittelt werden. Der Flexibilitätsbedarf im Rahmen der *Ganzheitlichen Kapazitätsstrategie* ergibt sich damit nicht auf Basis der Kapazitätskosten, sondern daraus inwieweit der Kapazitätsflexibilität eine unternehmensspezifische Bedeutung zukommt, welche sich im Verhältnis zum Wettbewerbsumfeld bestimmt.

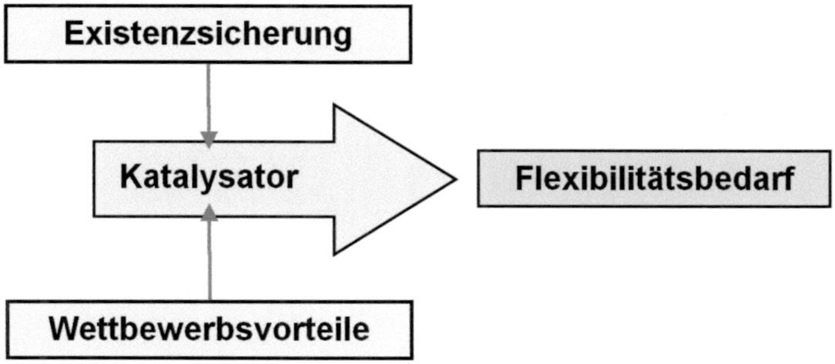

Abbildung 7: Bedingungsfaktoren des Flexibilitätsbedarfs

Die beiden potentiellen Flexibilitätsnutzen (Existenzsicherung und Verbesserung der Wettbewerbsposition) unterliegen dem Einfluss eines Katalysators. Dieser verstärkt, in Analogie zur Katalyse chemischer Prozesse, die Reaktionsheftigkeit der Nachfrageänderungen und damit die Zweckdienlichkeit der unternehmerischen Anpassungsfähigkeit, siehe Abbildung 7. Dieser Katalysator ergibt sich anhand des betriebsindividuellen Wettbewerbsumfeldes aus der Summe von unternehmensrelevanten Einflüssen wie der technologischen Wandelbarkeit, der Nachfragevolatilität und der Branchendynamik.

Da Kapazitätsflexibilität die Basis für Anlagenveränderbarkeit und Mitarbeiterentwicklung darstellt, ergeben sich anhand dieser Summenfaktoren unterschiedliche Flexibilitätsanforderungen für das Unternehmen, welche in Flexibilitätsbedarfe umzusetzen sind.[71] Hierzu ist Flexibilität auf situativer, unternehmerischer und struktureller Ebene zu unterschieden:[72]

- *Situative Flexibilität* befähigt Unternehmen zur Anpassung bei kurzfristigen Schwankungen der Nachfrage und erlaubt eine schnelle Anpassung bei geringen Umweltveränderungen.
- *Unternehmerische Flexibilität* bezieht sich auf die (mittelfristige) Anpassungsfähigkeit bei erheblicher Marktdynamik in bestehenden Geschäftsfeldern, welche beispielsweise durch eine neue Produktgenerationen oder zusätzliche Märkte entsteht.
- *Strukturelle Flexibilität* bezeichnet die Möglichkeit, evolutionären und tiefgreifenden Strukturveränderungen, wie beispielsweise einem Technologiewandel, im Rahmen eines Anpassungsprozesses auf lange Sicht erfolgreich begegnen zu können.

---

[71] Vgl. Bleiber, R. (2009a), S.62
[72] Vgl. hier und im Folgenden: Nagel, M. (2003), S.7/8

Besonders anhand der langfristigen Flexibilitätsebene wird erkennbar, dass sich die Grenzen zwischen Flexibilitätsbeiträgen zur Existenzsicherung mit solchen zur Verbesserung der Wettbewerbsposition überschneiden können. So findet *Unternehmerische Flexibilität* ihr Ziel nicht allein in der defensiven Existenzsicherung. Vielmehr kann eine geringfügige Bedingungsverschiebung, welche ein Unternehmen nicht nachhaltig bedroht, durch eine schnelle Anpassung dazu beitragen, einen Wettbewerbsvorteil gegenüber der Konkurrenz zu erlangen.[73] Besonders in schnelllebigen Branchen ist die permanente Neuausrichtung ein entscheidendes Alleinstellungsmerkmal.

Um eine Einordnung der beiden potentiellen Flexibilitätsnutzen vorzunehmen, ist eine Bestimmung der unternehmensspezifischen Herausforderungen auf allen drei Flexibilitätsdimensionen notwendig. So ergibt sich beispielsweise in der Textilindustrie aufgrund kurzfristiger, saisonaler Nachfragevolatilität ein allgemein höherer Bedarf nach situativer Flexibilität. Hingegen entsteht im Bereich der Automobilindustrie mit zunehmender Wahrscheinlichkeit eines Technologieumschwungs eine verstärkte Nachfrage nach langfristiger, struktureller Flexibilität. Branchenunabhängig befähigt jedoch erst die Anpassung des jeweiligen Flexibilitätsbedarfs auf ein wettbewerbsübliches Niveau ein Unternehmen dazu, Flexibilisierungsmaßnahmen über die Existenzsicherung hinaus zu initiieren. Damit ist, neben der Prognose über Wahrscheinlichkeit und Heftigkeit von Veränderungspotentialen, auch die Betrachtung des relevanten Wettbewerbsumfeldes unabdingbar für eine Bestimmung des Flexibilitätsbedarfs.

3.2.1 Flexibilität als Existenzsicherung

Da dem unternehmerischen Flexibilitätsbedarf die Aufgabe zukommt, Unternehmenskrisen zu vermeiden bzw. abzumildern, nimmt dieses Unterkapitel eine allgemeine Betrachtung eines typischen Krisenverlaufs vor. Eine Unternehmenskrise ergibt sich allgemein aus einer strategischen Schwäche, welche hauptsächlich durch Nicht-Wahrnehmung bzw. unzureichende Reaktion auf eine mittel- bis langfristige Umweltveränderung entsteht.[74] So zeigen aktuelle Untersuchungen, dass die gegenwärtige Wirtschaftskrise für die aktuelle Fehlentwicklung von Unternehmen eine begrenzte Rolle spielt.[75] Vielmehr wurden strukturelle Schwachstellen und strategische Fehler, welche bei guter Konjunkturentwicklung verdeckt werden, erst durch den

---

[73] Vgl. hier und im Folgenden: Burmann, C. (2005), S.48/49
[74] Vgl. Griess-Nega, T. (2006), S.282
[75] Vgl. Zentrum für Insolvenz und Sanierung an der Universität Mannheim e.V. (2009), S.8

Transparenzdruck einer Krise sichtbar.[76] Aus diesem Grund empfindet SEEFELDER es als eine "Führungsschwäche des Managements", wenn unternehmerische Verluste allein auf die Krise zurückgeführt werden.[77]

Der Strategiekrise schließt sich, wenn keine Korrektur der strategischen Ausrichtung erfolgt, eine Ertragskrise an, da die Stakeholder zunehmend mit den Folgen der strategischen Fehlentwicklung konfrontiert sind.[78] In dieser Phase reduzieren sich die Gewinne des Unternehmens, was das Eigenkapital belastet. Der Ertragskrise schließt sich die Phase der Liquiditätskrise an, welche durch einen Mangel an Zahlungsmitteln gekennzeichnet ist und die Handlungsoptionen des Unternehmens stark einschränkt.[79] Bleibt die Geschäftsführung in dieser Krisenphase untätig, so hat dies häufig die Insolvenz des Unternehmens zur Folge.

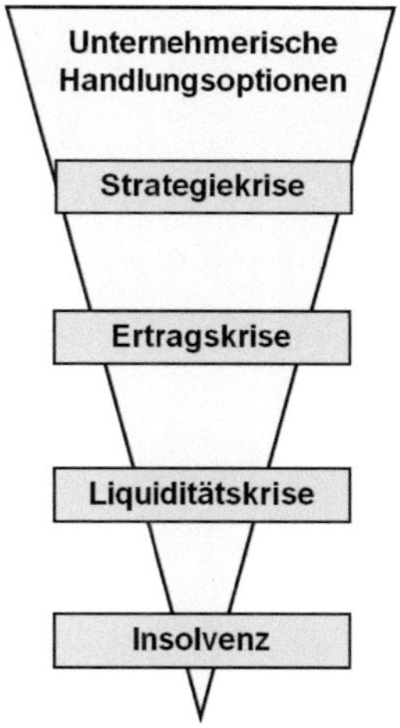

Abbildung 8: Phasen einer Unternehmenskrise[80]

Der Krisenverlauf orientiert sich damit allgemein an den Wirkungszusammenhängen der *Balanced Scorecard*:[81] Durch die Vernachlässigung der *Lern- und Entwicklungsperspektive* wird die unternehmerische *Prozessperspektive* schlechter. Diese Entwicklung hat einen negativen Einfluss auf die *Kundenperspektive* und damit auf den Ertrag des Unternehmens, was letztlich zu

[76] Vgl. Seefelder, G. (2007), S.91/92
[77] Seefelder, G. (2007), S.92
[78] Vgl. hier und im Folgenden: Seefelder, G. (2007), S.100/101
[79] Vgl. hier und im Folgenden: Vgl. Griess-Nega, T. (2006), S.283
[80] In Anlehnung an: Krystek, U. (2006), S.47
[81] Vgl. hier und im Folgenden: Zahn, E. & Nowak, M. & Schön, M. (2005), S.205/206

einer Verschlechterung der *Finanziellen Perspektive* führt. Durch erhebliche, kurzfristige Änderungen des Unternehmensumfeldes, wie der unerwartete Forderungsausfall eines Großkunden oder der Zusammenbruch eines Hauptlieferanten, werden einzelne Phasen zur Unternehmensinsolvenz sogar übersprungen und das Unternehmen findet sich direkt in der Ertrags- bzw. Liquiditätskrise wieder.[82]

MEFFERT & BERNHARD beschreiben die Krisenbewältigung anhand des *Baseline-Ansatzes*: Das Unternehmen muss sich in einem ersten Schritt "gesundschrumpfen" und Transparenz schaffen, auch wenn dies zeitaufwendig ist.[83] Erst nach einer Verbesserung der Kostenpositionen und einer Bereinigung der Ausgangslage ist eine nachhaltige Umsatzerweiterung realistisch und wird von den Stakeholdern unterstützt. Diese Betrachtung der Krisenphasen impliziert folgende Flexibilitätsnutzenstiftung bei einer Unternehmenskrise:

a) Die Schaffung eines Zeitvorteils bei der Krisenbewältigung durch eine zeitnahe Anpassungsmöglichkeit der Kapazitäten; dies kann durch indikator-orientierte Frühwarnsysteme in einzelnen Unternehmensbereichen und der zeitnahen Prognose anhand verschiedener Szenarien unterstützt werden.[84] Da der Handlungsspielraum mit zunehmender Krisenentwicklung stark abnimmt, ist die situative Flexibilität von entscheidender Bedeutung für den Sanierungserfolg.[85]

b) Eine strukturelle Flexibilität verbessert die effiziente, gesamtunternehmerische Umsetzung eines Turnaround-Managements. Indem Grundlagen für die Anpassung bereits vorhanden sind, können vertrauensabhängige Restrukturierungspotentiale frühzeitig kommuniziert und umgesetzt werden. Durch die Schaffung dieser Transparenz kann die Umsetzung von möglicherweise unpopulären Handlungen, trotz hohem Strukturierungs- und Koordinationsaufwand, zeitgemäß begonnen werden.[86]

Von besonderer Bedeutung sind existenzsichernde Flexibilitätsmaßnahmen für Unternehmen mit einer hohen Abhängigkeit zwischen Umsatz und Ertrag bzw. zwischen Ertrag und Liquidität.[87] Damit verdeutlicht die Fixkosten- bzw. Zahlungszielquote, in welchem Ausmaß und in welchem Zeitfenster eine Nachfrageabnahme den Unternehmenserfolg bzw. Cashflow direkt

[82] Vgl. Seefelder, G. (2007), S.109
[83] Vgl. Meffert, J. & Bernhard, E. (2006), S.254/258
[84] Vgl. Krystek, U. (2006a), S.224ff.; Seefelder, G. (2007), S.116ff.
[85] Vgl. Sasse, A. & Stein, H. (2009), S.24
[86] Vgl. Meffert, J. & Bernhard, E. (2006), S.276/277
[87] Vgl. Seefelder, G. (2007), S.97

gefährdet.[88] Einen Ansatzpunkt zur Nutzenstiftung von Kapazitätsflexibilität liefert die Prognose eines maximal denkbaren Auslastungsrückgangs im Rahmen der Szenarioplanung. Das Kapazitätsmanagement bestimmt hierfür, wie lange das Unternehmen die potentiellen Leerkosten einer "worst-case"-Prognose tragen kann.

Diese Szenarioplanung gestaltet sich jedoch außerordentlich schwierig, wie eine Studie der Bundesbank über die Kapazitätsauslastung während der Wirtschaftskrise verdeutlicht, siehe Abbildung 9:[89] So fiel die Auslastung der verarbeitenden, deutschen Industrie auf Quartalsbasis von durchschnittlich 84,2% bis 88,2% zwischen 2006 und 2008 auf 71,1% im dritten Quartal des Krisenjahres 2009. Damit wurde ein Niveau erreicht, welches die historischen Tiefstände der letzten 15 Jahre um mindestens 10 Prozentpunkte unterbot und damit die Szenarioplanung anhand einfacher Fortschreibung von Vergangenheitswerten hinfällig gemacht hat. Aufgrund dessen sind neben Umsatzprognosen auch das Eigenkapitalniveau, der Katalysatoreffekt der einzelnen Flexibilitätsniveaus durch die Branchendynamik und letztlich schlicht die Risikoaversion der Geschäftsführung ebenfalls mit einzubeziehen.

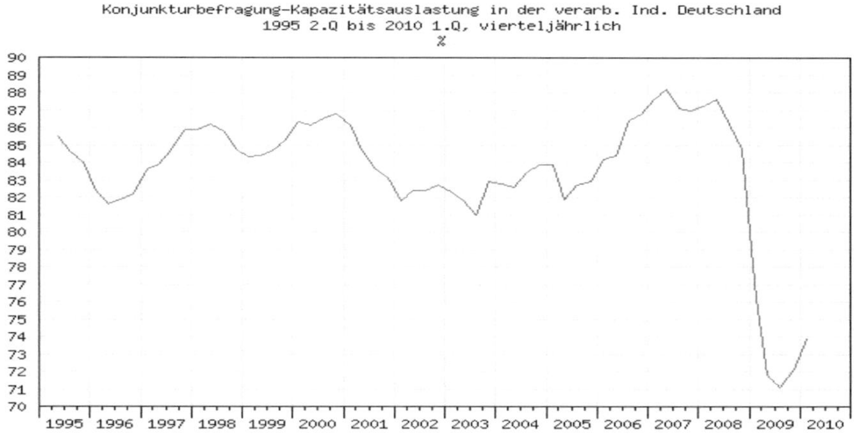

Abbildung 9: Kapazitätsauslastung der Industrie 1995–2010[90]

[88] Vgl. Schmidt-Gothan, H. (2007), S.126
[89] Vgl. hier und im Folgenden: Deutsche Bundesbank (2010)
[90] Deutsche Bundesbank (2010)

3.2.2 Flexibilität als Wettbewerbsvorteil

Die Notwendigkeit der Marktanpassung und der daraus abgeleitete Flexibilitätsnutzen der Produktionskapazität ergeben sich in starker Abhängigkeit zu der angestrebten Strategie des Unternehmens. Allgemein gilt hierbei: "Die optimale Kapazitätsauslastung entspricht einer Auslastung, bei der der Kunde die vom Dienstleister intendierte Qualität erhält".[91] Damit ist betriebliche Flexibilität, welche sowohl Kosten verursacht als auch Alleinstellungsmerkmale schafft, auf operativer Ebene wertfrei zu sehen. Erst die klare strategische Positionierung im Wettbewerb impliziert, inwieweit Überkapazität im Verhältnis zu einer Lieferverzögerung bzw. zu einem Mangel an Servicequalität negativ zu bewerten ist. Eine Bewertung ergibt sich erst mit der Spezifizierung, aus welchen Kriterien (Kostenführerschaft oder Differenzierung) dem jeweiligen Einzelunternehmen kundenorientierte Alleinstellungsmerkmale erwachsen.[92]

Weitere Faktoren für die Ermittlung des Kapazitätsflexibilitätsnutzens sind zum einen die Lagerfähigkeit der produzierten Güter, die Differenzierung nach Waren und Dienstleistungen, zum anderen der Einfluss einer zeitkritischen Bereitstellung des Produktes.[93] So lässt sich bei einem nicht-lagerfähigen, extrem zeitkritischen Produkt (Feuerwehr-Dienstleistung) ein ausreichendes Vorhalten von Kapazitäten nicht vermeiden, um die Zielsetzung einer durchgängigen Lieferfähigkeit zu gewährleisten. Unter dieser Zielsetzung sind beispielsweise spezielle Notfallpläne für schnelle Kooperationen notwendig, welche die situative Flexibilität verbessern und damit die kurzfristige Reaktion auf Extremsituationen ermöglichen. Daraus ergibt sich anhand der Kategorisierung nach generischer Strategie (Kostenführer oder Differenzierer) und Produktmerkmalen (Ware oder Dienstleistung bzw. zeitkritisch oder nicht zeitkritisch) eine vierteilige Matrix, wie in Abbildung 10 dargestellt. Diese verdeutlicht anhand der unternehmerischen Wettbewerbspositionierung, wie groß der Flexibilitätsnutzen auf kurz- und langfristiger Ebene bei unterschiedlichen Lieferstrategien allgemein ist.

Ein Unternehmen, welches die generische Strategie der Differenzierung auf der Basis von Servicequalität anstrebt, wird in einer Branche, in welcher eine geringere Auslastung die wahrgenommene Servicequalität erhöht (Hotel, Flugverkehr) Zusatzkapazität bewusst nutzen, um sich von Wettbewerbern zu unterschieden.[94] Hierfür ist das Vorhalten von ausreichender Kapazität unabdingbar. Aufgrund des hohen Kapazitätsbestandes ergibt sich ein hohes Risiko für unzu-

---

[91] Fließ, S. (2009), S.254/255
[92] Vgl. Recklies, D. (2001)
[93] Vgl. hier und im Folgenden: Recklies, D. (2001)
[94] Vgl. Von Martens, T. (2009), S.50

reichende Kapazitätseffizienz. Dies ist nur zu rechtfertigen, wenn eine sofortige Bedienung der Nachfrage einen elementaren Bestandteil des Leistungsversprechens darstellt (Rettungsdienst) oder die ständige Verfügbarkeit im Rahmen des verfolgten Images ein deutliches Preispremium rechtfertig (Luxushotel).[95] Im Hochpreissegment reduziert sich die Bedeutung von kurzfristiger Kapazitätsflexibilität auf ein mittleres Niveau, um dem Kunden ein angepasstes, also nicht zu hohes, Maß an Zugang zum Leistungsvermögen zu geben. Für das Beispiel des Luxushotels wäre dies eine geringe, nicht jedoch verschwindende, Belegung der Hotelkapazitäten. Langfristig ergibt sich eine mittelmäßige Anpassungsnotwendigkeit durch die hohe Kapitalintensivität der vorgehaltenen Kapazitäten, um dem kostenseitigen Anpassungsdruck gerecht zu werden.

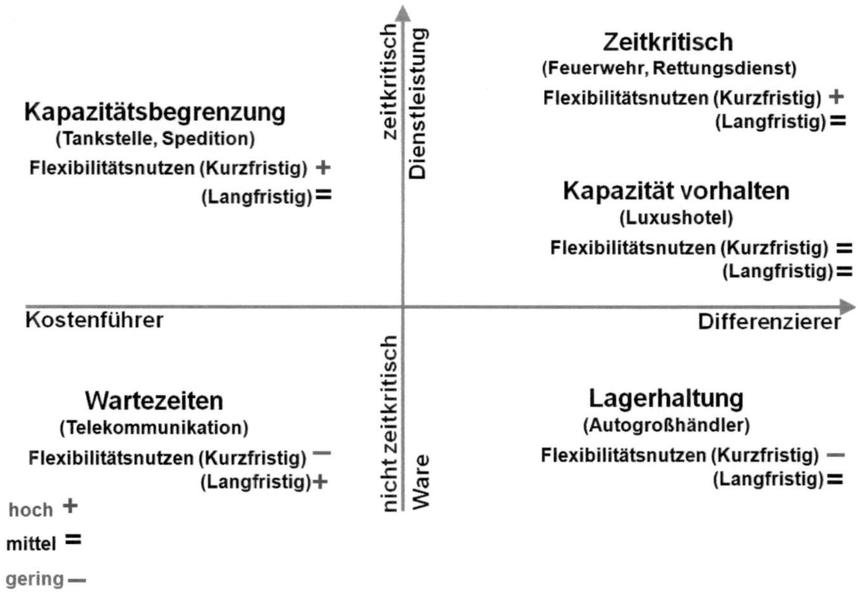

Abbildung 10: Flexibilitätsnutzen der Produktionskapazität im Wettbewerb

Besteht dagegen eine allgemeine Lagermöglichkeit so kann besonders in weniger kostensensiblen Bereichen (Differenzierungsstrategie) ein hoher Servicelevel im Bereich der Lieferzeit bzw. -vielfalt ohne exzessive Überkapazitäten durch den Einsatz eines Fertigwarenlagers erreicht werden. Damit reduziert sich die Nachfrage nach situativer Flexibilität erheblich. Der mittelfristigen Flexibilität kommt hierbei hauptsächlich die Aufgabe zu, durch die *Partielle*

[95] Vgl. Recklies, D. (2001)

Emanzipation eine Ausweitung des Fertigwarenlagers zu beschränken. Eine exaktere Bestimmung des Flexibilitätsbedarfs ergibt sich im Bereich der Differenzierungsstrategie besonders durch die Betrachtung der Katalysatorwirkung.[96]

Unternehmen, welche eine Kostenführerschaft anstreben, entscheiden sich bewusst gegen eine hohe Servicequalität auf der Grundlage von übermäßigen Kapazitäten, um damit Mehrkosten zu vermeiden.[97] Die Schaffung von langfristiger Kapazitätsflexibilität ist strategieunabhängig und für die unternehmerische Existenzsicherung unverzichtbar. Bei angestrebter Kostenführerschaft bietet Lagerhaltung ebenfalls eine Möglichkeit zur Flexibilitätsreduzierung. Diese stellt jedoch, aufgrund kapitalintensiver Fertigwarenlager, nur eine Teillösung der Flexibilitätsfrage dar, um kostensensiblen Kundengruppen gerecht zu werden. Aus diesem Grund ist es für die Ermittlung des Flexibilitätsnutzens von besonderer Relevanz, inwieweit das Kundenbedürfnis zeitkritisch ist. So bieten preissensible Branchen mit einheitlichen Produkten und einer geringen Kundenloyalität bei einem hohen bzw. zeitkritischen Verfügbarkeitsbedürfnis der Kunden (Tankstelle) bzw. einer saisonalen Nachfrage (Reiseveranstalter) ein erhebliches Marktpotential für Unternehmen mit einer geeigneten Kapazität, um auf die Nachfrageschwankungen zu reagieren. Gleichzeitig müssen kostensensible Geschäftsmodelle dahingehend hinterfragt werden, bis zu welcher Liefergeschwindigkeit Kunden bereit sind, die Zusatzkosten eines Unternehmens zu tragen, welches Kapazitäten für Eventualitäten und saisonale Bedürfnisse vorhält. In diesem Zusammenhang wird besonders die kurzfristige Kapazitätsflexibilität zu einem entscheidenden Wettbewerbsvorteil.

Damit haben Unternehmen, welche die generische Strategie der Kostenführerschaft verfolgen und in einer zeitkritischen Branche (Spedition) tätig sind, gemäß RECKLIES, eine kostenoptimale Kapazitätsobergrenze festzulegen, um übermäßige Leerkosten zu vermeiden.[98] Andernfalls besteht aufgrund hoher Fixkostenblöcke mit zeitlich unelastischen Kapazitäten ein hohes Risiko von Überkapazität.[99] In diesem Zielkonflikt erweist sich die bewusste Kapazitätsbeschränkung als zielführend. Damit steigt zwar das Risiko eines Lieferausfalls bzw. des Verlusts an Servicequalität, dies sichert jedoch einen kostengünstigen Produktionsprozess. Aus diesem Sachverhalt ergibt sich eine verstärkte Notwendigkeit nach Kapazitätsflexibilität, da diese eine

---

[96] Siehe Kapitel 3.2 - Nutzenstiftung durch Kapazitätsflexibilität
[97] Vgl. hier und im Folgenden: Recklies, D. (2001)
[98] Vgl. Recklies, D. (2001)
[99] Vgl. Xylander, J. (2003), S.118/119

Anpassung der Kapazitätsobergrenze ermöglicht und damit zu erheblichen Wettbewerbsvorteilen führen kann.

Wird die Kostenführerschaft in Segmenten verfolgt, in welchen eine kurzfristige Erhöhung des Leistungsvermögens nicht möglich ist (Telekommunikationsanbieter) bzw. die Leistungserbringung nicht zeitkritisch ist, so reduziert sich durch Wartezeiten die Notwendigkeit kurzfristiger Flexibilität erheblich. Die damit einhergehenden Kostenersparnisse lassen sich an die Kunden weitergeben. Damit gewinnt das mittel- bzw. langfristige Flexibilitätsniveau der Produktionskapazitäten erheblich an Bedeutung, da nur auf diese Weise der effiziente Einsatz der Kapazität bei Nachfrageänderungen sicherzustellen ist.

3.2.3 Gesamtunternehmerischer Flexibilitätsnutzen

Der gesamtunternehmerische Flexibilitätsnutzen ergibt sich aus der Summe der individuellen Flexibilitätsbedürfnisse der Produktionskapazitäten. Somit erzeugt ein starker Zusammenhang zwischen einem Umsatz- und einem Gewinnrückgang ebenso wie ein geringes Eigenkapitel einen hohen Flexibilitätsbedarf, um Unternehmenskrisen schnell und erfolgreich zu bewältigen. Gleichzeitig profitieren Unternehmen, welche strategiebedingt weder exzessive Lagerhaltung noch Lieferverzögerungen akzeptieren oder zusätzliche Ressourcen vorhalten können, in besonderer Weise von einer Kapazitätsflexibilität zur Schaffung von Alleinstellungsmerkmalen. Als drittes Kriterium zur Bestimmung des Flexibilitätsbedarfs sind neben den internen Faktoren der (Fix-)Kostenstruktur und der unternehmerischen Strategie- bzw. Produktentscheidungen auch externe Einflüsse einzubeziehen. Diese manifestieren sich in Gestalt von potentiellen Änderungen der Kundennachfrage aufgrund gesellschaftlicher, technischer oder wirtschaftlicher Dynamiken und verstärken damit den unternehmerischen Anpassungsbedarf, wie in Kapitel 3.2 beschrieben, ähnlich einem Katalysator.

Unternehmen haben, um von deren Anpassungsfähigkeit zu profitieren, ihren individuellen Flexibilitätsbedarf anhand dieser Grundlagen im Verhältnis zum Wettbewerb festzulegen. Der Vollständigkeit halber ist zu erwähnen, dass sich das betrachtungsrelevante Wettbewerbsfeld für *Ganzheitliches Kapazitätsmanagement* erst durch Einbezug aller "Marktkräfte" ergibt, hierfür sei auf die *Branchenstrukturanalyse* nach PORTER verwiesen.[100]

Mit Bezug auf die Hypothese der Untersuchung ist festzuhalten, dass sich der unternehmensindividuelle Flexibilitätsbedarf erst durch den Einbezug zahlreicher interner Faktoren bestim-

---

[100] Vgl. Porter, M (1983), S.25/26

men lässt, um die nutzenstiftende Wirkung von Kapazitätsflexibilität zu erfassen. Da diese entscheidungsrelevanten Faktoren unternehmensspezifisch stark variieren, ergibt sich daraus die Ableitung, dass die Qualität der Kapazitätssteuerung maßgeblich von deren Unternehmensbezogenheit abhängt.

4 Flexibilisierungsansätze anhand von Überkapazitätsursachen

Krisen bewältigt man am besten, indem man ihnen zuvorkommt. (Walt Whitman Rostow)

Zur Erreichung des unternehmensspezifisch notwendigen Niveaus an Kapazitätsflexibilität betrachtet Kapitel vier die spezifischen Entstehungsursachen von Überkapazität. Zu diesem Zweck werden die Anpassungsanforderungen an Produktionskapazitäten identifiziert und dahingehend strukturiert, um auf Basis eines umfassenden Anforderungssystems einen Lösungsansatz zu entwickeln, der Überkapazität angemessen begegnet. Dieser Ansatz bildet den Ausgangspunkt für Kapitel fünf, welches konkrete Flexibilisierungsmaßnahmen für Kapazitäten aufbaut und damit die Realisierung des in Kapitel drei ermittelten, unternehmensspezifischen Flexibilitätsbedarfs ermöglicht.

Die Bestimmung der überkapazitäts-verursachenden Faktoren ergibt sich aus einer umfassenden Analyse des unternehmerischen Bezugssystems in Anlehnung an PORTERS *Ursachen von Überkapazität* und betrachtet neben wirtschaftlichen auch gesellschaftliche, technische und strukturelle Zusammenhänge in Bezug auf deren Kapazitätsrelevanz.[101] Das Ziel dieser Untersuchung ist es, durch Einbezug von unterschiedlichen Einflussfaktoren, welche vordergründig keinen direkten Zusammenhang zu den Produktionskapazitäten erkennen lassen, einen Zusatznutzen bei der Ermittlung von Flexibilisierungsansätzen zu erreichen. Die Einteilung der betrachteten Einzelphänomene erfolgt bei einer Überschneidung mit mehreren Bezugspunkten anhand der stärksten Anknüpfungspunkte zu einer der Anforderungskategorien.

Damit stellt Kapitel vier eine weitere Überprüfung der zugrundeliegenden Hypothese dar, indem ermittelt wird, inwieweit gesellschaftliche, technische, wirtschaftliche und strukturelle Zusammenhänge zu unterschiedlichen Kapazitätsanforderungen führen und damit eine umfassende Analyse des externen unternehmerischen Bezugssystems im Rahmen des *Ganzheitlichen Kapazitätsmanagement* erforderlich machen.

---

[101] Vgl. Porter, M. (1983), S.409ff.

4.1 Gesellschaftliche Anforderungen

Mit der globalen Vernetzung, dem Abbau von Handelsschranken und einer Vereinheitlichung von Kundenwünschen entsteht ein weltweiter, gemeinsamer Markt mit einer zunehmend einheitlichen Nachfrage. Durch die technischen Möglichkeiten der günstigen, weltweiten Kommunikation und Logistik erhalten Unternehmen mit wettbewerbsfähigen Produkten Zugang zu einer großen Nachfrage, welche mit einem entsprechend hohen Kapazitätsbedarf einhergeht.[102] Gleichzeitig steigen die Kundenerwartungen nach Systemlösungen, deren Bereitstellung zusätzliche und kooperierende Kapazitäten erfordern. Eine weitere Ursache für den Ausbau von Produktionskapazität ist deren vertrauensfördernde Notwendigkeit:[103] So fordern Großabnehmer für deren Auftragsvergabe einen verfügbaren Bestand an Produktionsressourcen, um dauerhafte Lieferfähigkeit ihrer Produzenten sicherzustellen. Darüber hinaus hat der Kapazitätsbestand Auswirkungen auf den Absatz. Kunden werden in ihren Kaufentscheidungen durch einen Anbieter mit einer großen und technologisch-führenden Produktionskapazität, beispielsweise von einer modernen Flugzeugflotte, positiv beeinflusst. Diese Faktoren schaffen einen zusätzlichen Bedarf an Produktionskapazitäten. Deren Erweiterung wird durch die global vernetzten, zunehmenden Finanzströme begünstigt, da bei einer Investition Kapital für die Finanzierungen einfacher verfügbar ist. Aus der Summe eines einheitlichen, globalen Marktes, der vertrauensbildenden Wirkung von Kapazitätserweiterungen und der Kapitalverfügbarkeit ergibt sich eine Tendenz zu globaler Kapazitätserweiterung.

Auf der anderen Seite sorgt die hohe Verfügbarkeit von Produkten für eine zunehmende Käufermacht. Verkürzte technische Produktlebenszyklen und schnelle Nachfrageänderungen bei kurzlebigen Konsumgütern resultieren in dynamischen Nachfrageänderungen. Hinzu kommt die allgemeine Wachstumsstagnation großer Volkswirtschaften sowie eine Begrenzung natürlicher Ressourcen, welche eine exponentielle Wirtschaftsentwicklung zunehmend begrenzen.[104]

Zusammenfassend ist festzuhalten, dass gesellschaftliche Faktoren zu einem vollkommenen Markt beitragen, welcher für Einzelunternehmen verbesserte Zugangsmöglichkeiten und ein größeres Marktpotential bietet. Gleichzeitig ist dieser Markt jedoch in seinem Wachstum beschränkt und zunehmend dynamisch.[105] Dies begünstigt bei langfristigen, statischen Kapazitäten die Entstehung von globaler Überkapazität und schafft damit Kapazitätsanpassungsbedürf-

---

[102] Vgl. hier und im Folgenden: Wagner, H. (2006), S.62
[103] Vgl. hier und im Folgenden: Porter, M. (2008), S.408/409
[104] Vgl. Meadows, D. (1972), S.75
[105] Vgl. Zahn, E. & Nowak, M. & Schön, M. (2005), S.72

nisse, um die langfristige Einsetzbarkeit von Produktionskapazitäten vor deren Anschaffung zu bewerten. Darüber hinaus erfordert die gesteigerte Marktdynamik zusätzliche Möglichkeiten, um Produktionskapazitäten lediglich kurzfristig verfügbar zu machen und auf diese Weise kurzlebigen Produktzyklen flexibel und kostenoptimal begegnen zu können.

4.2 Technische Anforderungen

Durch die strategische und wirtschaftliche Notwendigkeit sich als Unternehmen zu spezialisieren, nimmt die vielfältige Einsetzbarkeit der Produktionsanlagen und Mitarbeiter zunehmend ab. So geht mit der Arbeitsteilung, welche bereits 1776 mit ADAM SMITH begann und von FREDERICK WINSLOW TAYLOR weiter verfeinert wurde, ein optimierter Produktionsfluss und damit eine Produktivitätssteigerung einher.[106] Die Flexibilität nahm in diesem Zeitraum jedoch kontinuierlich ab und erschwerte damit unternehmerische Anpassungsprozesse zunehmend. GUTENBERG erkannte die Bedeutung einer *flachen Kostenkurve*, welche eine kostenoptimale Produktion über ein möglichst breites Auslastungsspektrum zulässt.[107] So zeigt Abbildung 11, wie die flachere Kostenkurve $f^2(x)$ aufgrund anpassungsfähiger Produktionskapazitäten ein Unternehmen dazu befähigt, die Zunahme der Herstellstückkosten trotz einer Abweichung von der optimalen Produktionsmenge gering zu halten. Die Vereinbarung einer flachen Kostenkurve mit der arbeitsteiligen Serienproduktion wurde bereits 1962 auf Basis der damaligen Spezialisierung der Produktionskapazität von GUTENBERG als schwer realisierbar betrachtet.

---

[106] Vgl. Gienke, H. & Kämpf, R. (2007), S.88-94

[107] Vgl. hier und im Folgenden: Gutenberg, E. (1962), S.258/259: "Je flacher die Kostenkurve der betrieblichen Teileinheiten verlaufen, um so größer ist die Zone der optimalen Nutzung der Teileinheiten. [...] je größer diese Zone ist, um so weniger reagiert ein Betrieb auf derartige Schwankungen des Produktionsvolumens."

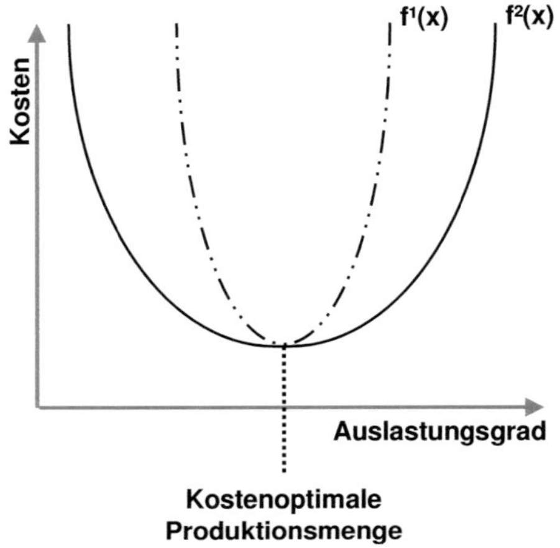

Abbildung 11: Kostenkurve nach Gutenberg[108]

Ein weiterer technischer Zusammenhang für Überkapazitäten ergibt sich aus Rationalisierungsmaßnahmen von Produktionsanlagen. Ersatzinvestitionen führen durch den technischen Fortschritt seit der Erstinvestition häufig zu einem Kapazitätszuwachs.[109] Zudem erfordert die Kapazitätserweiterung durch den Aufbau neuer Produktionsanlagen eine lange Vorbereitungs- und Realisierungsdauer.[110] Daher ist die Kapazitätserweiterung bereits vor dem tatsächlichen Kapazitätsbedarf auf Basis von Prognosen zu initiieren. Eine Änderung struktureller Rahmenbedingungen wie auch unvorhersehbare Nachfragerückgänge bergen, neben den klassischen Investitionsrisiken, die Gefahr einer Überkapazität in sich.[111]

Diese Faktoren des technischen Fortschritts erhöhen die unternehmerische Produktivität, begünstigen allerdings unkontrollierte Kapazitätszuwächse, frühzeitige Investitionen sowie die einseitige Einsetzbarkeit von Unternehmensressourcen. Zur Vermeidung technisch-bedingter Überkapazität entsteht eine Notwendigkeit nach Flexibilität, die es ermöglicht Kapazitäten langfristig wandlungsfähig zu halten und gegebenenfalls kostengünstig zu reduzieren.

---

[108] In Anlehnung an Gutenberg, E. (1962), S.258
[109] Vgl. Hax, H. (1984), S.23
[110] Vgl. hier und im Folgenden: Porter, M. (2008), S.406/407
[111] Vgl. Wagner, H. (2006), S.59

4.3 Wirtschaftliche Anforderungen

Ökonomische Ursachen für betriebliche Überkapazität ergeben sich erstens durch den Themenkomplex der Fixkostendegression, zweitens mit der Schaffung von Alleinstellungsmerkmalen und drittens durch fallende Grenzkosten bei hoher Fixkostenbelastung, welche eine Produktionsanpassung trotz einer geringeren Nachfrage verhindern. Der positive Skaleneffekt (Economy of Scale) sorgt für eine Reduzierung der Stückkosten bei zunehmender Produktionsmenge. Hieraus ergibt sich in Kombination mit einem globalen Markt, welcher über eine zunehmend einheitliche Kundennachfrage verfügt, theoretisch ein Potential zur Steigerung des Marktanteils: Durch Fixkostendegressionseffekte können erreichte Kostenreduzierungen in wettbewerbsfähige Preise umgesetzt werden, welche c.p. in einer steigenden Nachfrage resultieren. Diese lässt theoretisch wiederum ein höheres Produktionsvolumen und damit weitere Kostenersparnisse zu. Dieser Zusammenhang erhöht jedoch die Gefahr eines Wettbewerbs um Kostenvorteile, in welchem der Bestand an Fertigungsmitarbeitern und -anlagen ohne realen Zuwachs an Nachfrage erhöht wird.

Eine weitere wirtschaftliche Anforderung für Produktionskapazitätserweiterung ist der Auf- bzw. Ausbau von Alleinstellungsmerkmalen, welcher sich auch auf die Wertaktivität der Produktion bezieht.[112] Besonders Volkswirtschaften mit hohen Arbeitskosten nutzen hierbei Prozessinnovationen, welche häufig auf Basis von kapitalintensiven Anlagen realisiert werden, um Lohnkosten durch eine Kombination aus zusätzlichem Kapitaleinsatz und einer generischen Strategie zu kompensieren.[113]

Die bislang beschriebenen wirtschaftlichen Ursachen begünstigen die Erweiterung der Produktionskapazität. Im Gegenzug werden nachfolgend Zusammenhänge erläutert, welche den Abbau von Produktionskapazitäten trotz abnehmender Kapazitätsnachfrage verhindern und damit ebenfalls zu Überkapazitäten führen. Diese Zusammenhänge gründen auf einer zunehmend kapitalintensiven Produktion und dem erhöhten Fixkostenanteil, welcher "die moderne Wirtschaft mit ihren hohen fixen Kosten des Heilmittels beraubt, das selbsttätig Produktion und Konsumtion in Einklang bringt".[114] SCHMALENBACH erkannte diesen Zusammenhang, dass mit zunehmendem Fixkostenanteil bei den Herstellkosten die Reduzierung der Produktionsmenge zu einer deutlichen Steigerung der Stückkosten führt.[115] Dies verdeutlicht sich beispielweise

---

[112] Siehe Kapitel 2.1 - Kapazität als Basis für Leistungsfähigkeit
[113] Vgl. Bartels, W. (1984), S.44
[114] Schmalenbach, E. (1984), S.94
[115] Vgl. Schmalenbach, E. (1984), S.91-95

durch die Betrachtung der Minimalkapazität einer Leistungseinheit: Ergibt sich die Maximalkapazität durch eine technische Grenze, so ist die Minimalkapazität vielmehr ein wirtschaftliches Mindestmaß.[116] Mit der Unterschreitung der Minimalkapazität wird die Nutzung der Leistungseinheit unwirtschaftlich und damit aus ökonomischer Perspektive schlicht falsch.[117] Mit einer Erhöhung des Fixkostenanteils verlieren die variablen Kosten jedoch zunehmend an Bedeutung. Dies führt zu einer Abnahme der Grenzkosten und damit zu einer geringeren Minimalkapazität. Durch diese Reduzierung der Minimalkapazität ist die Nutzung der Kapazität auch dann wirtschaftlich sinnvoll bzw. kostenminimal, wenn die Fixkosten nicht vollständig gedeckt werden können.

In Hochtechnologieländern mit kapitalintensiver Fertigung wird die Kapazitätsnutzung damit trotz Unwirtschaftlichkeit nicht abnehmen, da eine Kapazitätsstilllegung zwar den Output, nicht aber die Kosten erheblich reduziert. Indem die Ausgaben für das Leistungspotential bereits in der Vergangenheit erfolgten, bleiben deren Kosten für Abschreibung und Kapitalbindung, auch bei einer Stilllegung, über die Kapazitätslebensdauer bestehen.[118]

Hieraus ergibt sich die *SCHMALENBACH*sche Problemstellung, welche besagt, dass bei Zunahme des Fixkostenanteils branchenübergreifende Überkapazitäten und damit Gewinneinbußen entstehen.[119] Da die Kapazitätsstilllegung nicht die Fixkosten reduziert, führt Überkapazität ohne Kapazitätsflexibilität nicht zu einer Produktionsverknappung, weil diese Entscheidung (kurzfristig) auf der Basis von Teilkosten erfolgt. Diese ergeben sich aus dem variablen Kostenanteil, welcher bei hohem Fixkostenanteil gering ist und damit die Aufrechterhaltung der Produktion begünstigt, obwohl nicht die Vollkosten, sondern nur die Teilkosten gedeckt werden.[120] Aus der Produktion unterhalb der Vollkosten und der zunehmenden Spanne zwischen Teil- und Vollkosten ergeben sich steigende Insolvenzrisiken durch Überkapazität.[121]

Aus den unelastischen Preis-Absatz-Funktionen und der Schwierigkeit, Preisabsprachen in der Praxis zu realisieren bzw. durchzusetzen resultieren allgemein sinkende Preise, was wiederum

---

[116] Vgl. Wöhe, G. & Döring, U. (1990), S.327

[117] Vgl. hier und im Folgenden: Hax, H. (1984), S.27

[118] Einzig die Veräußerung der Kapazität bewirkt eine reale Kostenentlastung, vgl. Hax, H. (1984), S.28: "Abbau von fixen Kosten erfolgt nur, wenn eine reale Entlastung eintritt [...] etwa bei Verkauf gebrauchter Anlagen" Da der Veräußerungspreis im Allgemeinen jedoch unterhalb des bilanziellen Buchwertes liegt, ist der Verkauf im Normalfall mit hohen sonstigen, betrieblichen Aufwendungen verbunden. Damit stellt die Desinvestition keine nachhaltige Maßnahme des Kapazitätsmanagements dar.

[119] Vgl. hier und im Folgenden: Hax, H. (1984), S.25

[120] Vgl. Wöhe, G. & Döring, U. (1990), S.662-664

[121] Vgl. Tolksdorf, M. (1971), S.54-56

branchenweit sinkende Deckungsbeiträge bewirkt.[122] Selbst Insolvenzen einzelner Marktteilnehmer vermögen dieses Marktfehlverhalten nicht zwingend auszugleichen, da frei gewordene Kapazitäten günstig verfügbar sind und damit im Rahmen der Fixkostendegression von anderen Marktteilnehmern erworben und weiterverwendet werden.[123]

SCHMALENBACH erkannte in diesem Zusammenhang ein schwerwiegendes Marktversagen und ein Ende der freien Wirtschaft als "Erfüllung der Voraussagen des großen Sozialisten Marx".[124] Die einzige Möglichkeit zur Erhaltung der freien Wirtschaft sah SCHMALENBACH in der Bildung staatlicher Kartelle und Monopole. Aus heutiger Sicht ergeben sich Lösungsansätze auf mikroökonomischer Ebene durch eine Kapazitätsflexibilisierung im Rahmen einer ganzheitlichen Strategie. Der hohen Fixkostenquote ist hierfür durch eine erhöhte Einsatzvielfalt der Produktionskapazitäten zu begegnen, um die Kapazität bei Bedarf einer veränderten Kapazitätsnachfrage zuzuführen. Einen weiteren Ansatzpunkt liefert die Anwendung kapazitätsbezogener Kostenbetrachtungen wie die *Kapazitätskostenrechnung*, welche die Kapazitätssteuerung unter langfristigen Gesichtspunkten zulässt und damit der kurzfristigen Grenzkostenbetrachtung entgegensteht. Darüber hinaus erscheint ein systematisches Vorgehen zur Beherrschung des Auslastungsrisikos wichtig. Hierfür ist neben einer verstärkten Risikobewertung auf Basis unterschiedlicher Zukunftsszenarien auch der Einbezug externer Dienstleister zur Risikoreduzierung notwendig.

Der Kapazitätsaufbau zur Schaffung von Alleinstellungsmerkmalen wird von der vorliegenden Untersuchung als notwendig angesehen, weswegen keine Maßnahmen zu dessen Vermeidung erarbeitet werden. Zur Sicherstellung betrieblicher Effizienz legt der Ansatz des *Ganzheitlichen Kapazitätsmanagement* jedoch, auf Basis einer Analyse der unternehmensindividuellen Nutzenbestimmung von Kapazitätsflexibilität, ein wettbewerbsabhängiges Kostenoptimum fest, um unnötige Investitionen einzuschränken.[125]

4.4 Strukturelle Anforderungen

Weitere Ursachen für Überkapazität ergeben sich aufgrund von Kurzfristigkeit, Wahrnehmungslücken und organisationsbedingten Barrieren auf der Informationsebene. So zeigen sich beispielsweise die positiven Kosteneffekte von Kapazitätsreduzierung erst mittelfristig, was in

[122] Vgl. Schmalenbach, E. (1984), S.95
[123] Vgl. Tolksdorf, M. (1971), S.55
[124] Schmalenbach, E. (1984), S.93
[125] Siehe Kapitel 2.1 - Kapazität als Basis für Leistungsfähigkeit und 3.2 - Nutzenstiftung durch Kapazitätsflexibilität

Verbindung mit verkürzten Vertragslaufzeiten von Geschäftsführern und der zunehmenden Fixierung auf Quartalsberichte der Umsetzung von langfristigen und konsistenten Kapazitätsmaßnahmen entgegensteht.[126]

Darüber hinaus besteht allgemein eine unterschiedlich lange Rückkopplungsgeschwindigkeit auf den Unternehmenserfolg zwischen den einzelnen Erfolgskriterien der Produktionskapazitäten.[127] So spiegeln sich die Kriterien des Kostenaspektes (bei Vollauslastung) und der Liefertreue nahezu direkt im Unternehmensergebnis wider, während sich Qualitätsmängel gegebenenfalls erst zeitverzögert offenbaren, wie die schematische Darstellung in Abbildung 12 zeigt.

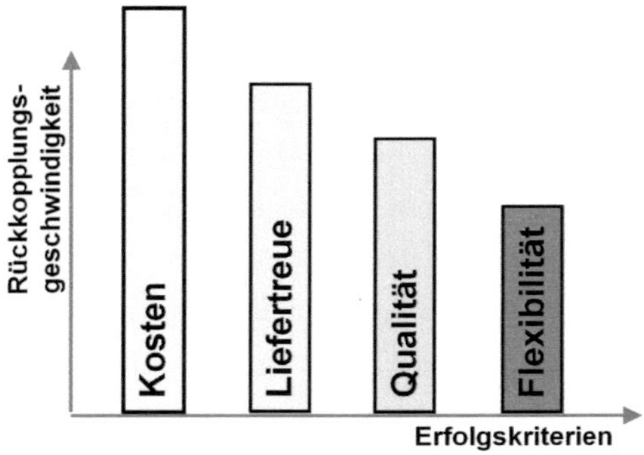

Abbildung 12: Erfolgskriterien der Produktionskapazität

Das Kriterium der Produktionsflexibilität zeigt dessen Relevanz erst vollständig bei einer Nachfrageänderung.[128] Die unterschiedlich lange Rückkopplungsgeschwindigkeit auf den Unternehmenserfolg liefert damit einen Erklärungsansatz für den unterschiedlichen Stellenwert der vier genannten Kriterien. Der Blick auf den Markt, welcher in der Geschichte vom Verkäufer dominiert wurde, verdeutlicht ebenfalls, dass die Kriterien der Produktionskosten und der Liefertreue seit jeher einen hohen Stellenwert einnehmen, während das Kapazitätskriterium – auf wechselnde Auslastungen flexibel und kostenneutral zu reagieren – erst durch die zunehmende Fixkostenrelevanz an Bedeutung gewinnt. So dominierte der Verkäufermarkt die historische Wirtschaftsordnung bis in die 60er Jahre des letzten Jahrhunderts.[129] Die Wirtschaftsentwicklung stellt damit eine Begründung für die allgemeine Wahrnehmungseinschränkung dar, weshalb

---

[126] Vgl. Terpitz, K. (2010)
[127] Vgl. hier und im Folgenden: Klein, A. (2009), S.18
[128] Vgl. Corsten, H. (2003), S.19ff.
[129] Vgl. Gienke, H. & Kämpf, R. (2007), S.591

Überkapazität bisher nur geringe Beachtung findet.[130] Dieser Zusammenhang verdeutlicht sich in der allgemeinen betriebswirtschaftlichen Fachliteratur, welche hauptsächlich das Kapazitätsproblem des Kapazitätsengpasses beschreibt.[131]

Hinzu kommt eine weitere Ursache für Überkapazität: Die Vernachlässigung des vorhandenen Kostensenkungspotentials durch eine optimale Auslastung zu Gunsten von Fixkostendegressionseffekten. Unternehmen versuchen durch Skaleneffekte Einkaufs- und damit Herstellkosten zu reduzieren und vernachlässigen dabei, dass "die optimale Auslastung der Ressourcen die Basis für kostengünstige Produktion ist – und nicht hohe Stückzahlen".[132] Diesen Zusammenhang beschreiben Zahn, Bullinger & Gagsch als "Wandel der Managementprinzipien bei der Suche nach Wettbewerbsvorteilen", welcher hier und in Abbildung 13 dargestellt wird:[133] Konnten Unternehmen früher erheblich von Fixkostendegression sowie Lern- bzw. Erfahrungskurveneffekten profitieren (Economy of Scale), so zeichnete sich mit der allgemeinen Marktsättigung seit 1970 eine stärkere Notwendigkeit für kostengünstige Produktdifferenzierung ab (Economy of Scope), um kundenindividuellen Mehrwert zu schaffen. Aus dieser Nachfragevielfalt leiten die Autoren eine zunehmende Notwendigkeit für unternehmerische Selbst-Beschränkung auf Kernaktivitäten ab (Economy of Focus). Darüber hinaus rücken die unternehmerische Anpassungsschnelligkeit (Economy of Speed) und die zeitliche Koordination von Innovationsfenstern (Economy of Timing) als Wettbewerbsvorteile ins Zentrum erfolgreicher Unternehmensführung. Als höchste Stufe der Managementprinzipien wird die Verschmelzung der Unternehmensressourcen zu Kernkompetenzen wahrgenommen. Diese Kompetenzen werden in marktorientierte Produkte integriert, welche sich aus dem Wissen und der Erfahrung der Mitarbeiter kontinuierlich erneuern (Economy of Competence).

---

130 Siehe Kapitel 1.1 - Problemstellung

131 Vgl. Porter, M. (1983), S.414/415; Gienke, H. & Kämpf, R. (2007), S.593

132 o. V. (2002)

133 Vgl. hier und im Folgenden: Zahn, E. & Bullinger, H.J. & Gagsch, B. (2009), S.113/114

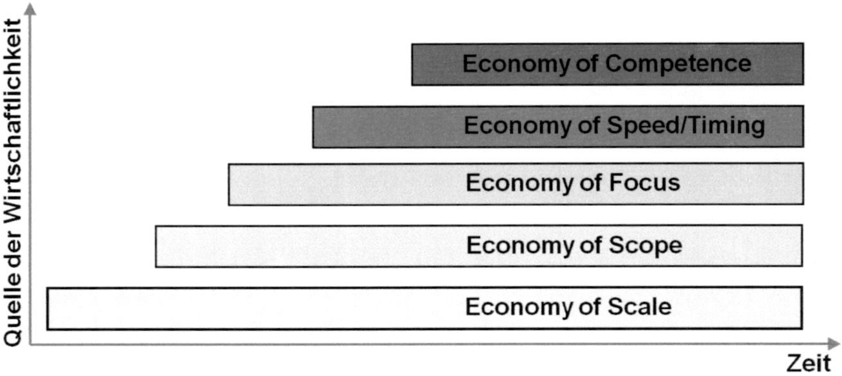

Abbildung 13: Wandel der Managementprinzipien [134]

Der sich hierbei vollziehende Wandel der Managementprinzipien leitet sich aus einem verändernden Unternehmensumfeld her, in welchem ehemals gültige Zusammenhänge aufgehoben werden.[135] Diese neue Unternehmensrealität sorgt nicht nur für ein Unwirksam-Werden bisher erfolgreicher Strategien, sondern kehrt mitunter deren ehemalige Wirkung in ein unternehmenserfolgsreduzierendes Gegenteil. Darüber hinaus zeigt die Analyse der Entwicklung von Managementprinzipien über den Betrachtungszeitraum von vierzig Jahren die Hinwendung zu gesamtunternehmerischer (Prozess-)Flexibilität. Diese ergibt sich in besonderem Maße durch den Aufbau eines breiten Mitarbeiter-Know-hows und eines ganzheitlichen Managementsystems zur Akkumulation und Transformation von Wissen, welche statische Kapazitäten als unternehmerisches Alleinstellungsmerkmal und Erfolgsgarant zunehmend verdrängen.

Eine weitere Überkapazitätsursache ist PORTERS "Wachstumsfalle".[136] Unter der Zielsetzung jedem Kundenbedürfnis nachzukommen und damit Marktanteile zu steigern, büßt ein Unternehmen dessen Strategiekonformität ein. Hierdurch geht jedoch das entscheidende Alleinstellungsmerkmal und damit der langfristige Wettbewerbsvorteil verloren. Deshalb wirbt PORTER stark für eine Selbstbeschränkung der Unternehmen auf deren angestrebte Strategie (Economy of Focus). Andernfalls werden einerseits Kapazitäten für die Erschließung neuer Märkte aufgebaut und andererseits Nachfragerückgänge verursacht.

---

[134] In Anlehnung an: Zahn, E. & Bullinger, H.J. & Gagsch, B. (2009), S.113
[135] Vgl. hier und im Folgenden: Zahn, E. & Bullinger, H.J. & Gagsch, B. (2009), S.113
[136] Vgl. hier und im Folgenden: Porter, M. (2008), S.75/76: "Unternehmen, die ihr Angebot differenzieren, büßen Umsätze mit preissensiblen Kunden ein. Die Manager sind ständig versucht, Maßnahmen zu ergreifen, um diese Grenzen hinter sich zu lassen. Doch damit verwischen sie die strategische Position ihres Unternehmens."

Darüber hinaus sieht PORTER bei der Kapazitätssteuerung eine asymmetrische Wahrnehmung des Kapazitätsrisikos. Die Leistung der Geschäftsführung wird bei einem betrieblichen Kapazitätsengpass schlechter bewertet als beim Auftreten einer (häufig branchenübergreifenden) Überkapazität, da das Einzelunternehmen in diesem Falle nicht direkt Umsatz bzw. Marktanteile einbüßt.[137] Somit führen Kapazitätsentscheidungen bei Unsicherheit tendenziell eher zu Überkapazität, obwohl ein Kapazitätsengpass schneller zu beseitigen ist.[138] Da mit Beseitigung dieses Engpasses ein direktes Umsatzwachstum verbunden ist, steht dem Unternehmen hierfür schnell Kapital zur Verfügung. Hingegen hat der Kunde bei Überkapazität keine direkten Einbußen zu verzeichnen, da der daraus resultierende Auslastungsmangel das Unternehmen betrifft.

Innerbetriebliche Zielkonflikte können die bisher erläuterten, strukturellen Überkapazitätsursachen verstärken. So kommen die verschiedenen Unternehmensabteilungen auf Grund unterschiedlicher Betrachtungsperspektiven zu abweichenden Zukunftsprognosen.[139] Diese, teilweise beabsichtigte wie unumgängliche, Unsicherheit bei Prognosen führt jedoch mit unterschiedlicher Zielsetzung der einzelnen Abteilungen zu Konflikten und Verzögerungen im Entscheidungsprozess, welche den teilweise abstrakten Flexibilisierungsprozess erheblich verlangsamen kann und dessen betriebliche Akzeptanz verringert.[140]

Aus den genannten, strukturellen Bedingungsfaktoren ergibt sich eine ausdrückliche Nachfrage zur Festlegung eines einheitlichen Flexibilitätsniveaus und der Schaffung von Transparenz als notwendige Voraussetzung für einen konstruktiven Dialog. Dieser Dialog muss, vergleichbar mit den vertrauensbildenden Maßnahmen des Krisenmanagements, den Zielkonflikt von Kapazitäten durch eine übergeordnete Betrachtung transparent gestalten und den Entscheidungsprozess vorbereiten und unterstützen. Durch den Einsatz von Szenarioplanung und Risikosteuerung ist der ressourcenorientierte Wandel von Managementprinzipien kontinuierlich zu analysieren und in die Steuerung der Produktionskapazitäten mit einzubeziehen, welche entsprechend der unternehmerischen Kompetenzen aufzubauen sind.

---

[137] Vgl. Porter, M. (2008), S.406ff.
[138] Vgl. hier und im Folgenden: Porter, M. (2008), S.401
[139] Vgl. Porter, M. (2008), S.411/412
[140] Vgl. Wagner, H. (2006), S.60/61

4.5 Anforderungssystem der Produktionskapazität

Ziel dieses Unterkapitels ist eine Strukturentwicklung der Überkapazitätsursachen, um daraus Flexibilisierungsansätze für einen Maßnahmenkatalog abzuleiten. Diese Struktur zur Kapazitätsflexibilisierung wird danach bewertet, inwieweit durch eine Umsetzung von Einzelmaßnahmen die gesamtunternehmerische Produktionskapazität auf das gewünschte Flexibilitätsniveau gebracht werden kann. Die Entstehungsursachen von Überkapazitäten sind, wie dargestellt, zahlreich und heterogen. Während einige dieser Faktoren zu einer nachhaltigen, aber konstanten Nachfrageänderung über einen langen Zeitraum führen, sorgen andere für eine kurzfristige Verschiebung und schaffen damit ein unerwartetes Überkapazitätsrisiko. Konkrete Bewältigungsstrategien müssen hierfür direkt an den jeweiligen Überkapazitätsursachen ansetzen:

a) *Gesellschaftliche Zusammenhänge* setzen zur Bewältigung der Überkapazitätsverursachung auf eine kurzfristige Nutzbarmachung von Kapazitäten, um kurzlebige Marktnachfragen kostengünstig befriedigen zu können. Mit dieser stärkeren Variabilisierung der fixen Kosten kommt der partiellen Auslagerung von Produktionskapazitäten eine entscheidende Rolle zu. Der Erfolg dieser Maßnahme ergibt sich jedoch nicht alleine mit der Verlagerung des Auslastungsrisikos. Vielmehr muss das Ziel von Kapazitätseigentumsverlagerung eine verbesserte Risikobeherrschung sein, um wettbewerbsfähig zu bleiben. Darüber hinaus gewinnt die langfristige Prognose der Wettbewerbsentwicklung zunehmend an Bedeutung, um Wachstumsstagnationen und branchenweite Überkapazitäten frühzeitig zu erkennen.

b) *Technische Zusammenhänge* erfordern eine hohe Mobilität der internen Kapazitäten und bedingen damit besonders langfristige Flexibilisierungsansätze, um einem tiefgreifenden Strukturwandel begegnen zu können. Erst durch eine verbesserte Wandlungsfähigkeit ist die Nutzung des verfügbaren Leistungsvermögens auch bei Marktveränderungen möglich. Hinzu kommt die Kapazitätsanforderung nach einer verbesserten Abbaubarkeit der Produktionsressourcen. Durch aufeinander abgestimmte Einzelmaßnahmen wird sichergestellt, dass auf einen bereits veranlassten Kapazitätsaufbau bei veränderten Prognosen durch eine kurzfristige Reduzierung der internen Kapazitäten reagiert werden kann.

c) *Wirtschaftliche Umstände* bedingen eine vielfältige Einsetzbarkeit aller Kapazitätseinheiten. Durch eine allgemeine Rekonfigurierbarkeit der Produktionskapazitäten leisten die Unternehmensressourcen einen Beitrag zur Schaffung von Wettbewerbsvorteilen, vergleichbar mit der Economy of Competence, ohne dabei ein Unternehmen durch fixe Kosten in deren strategischen Alternativen massiv zu begrenzen. Eine weitere Voraussetzung für Kapazitätsflexibilisierung stellt der Kapazitätsaufbau entsprechend der spezifischen Unternehmenskompetenz dar, welcher eine organisatorische Basis bietet, um "Kompetenzen zu Kernkompetenzen zu verschmelzen und diese in überlegene Kern- und Endprodukte zu integrieren".[141] Auf diese Weise bieten die Produktionskapazitäten eine ideale Basis, um bei Nachfrageverschiebungen im Sinne der *Kapazitätskostenrechnung* einem anderen Kapazitätsbedarf zugeteilt zu werden.[142]

d) *Strukturelle Ursachen* erfordern neben hoher interner Transparenz einen klaren Verantwortungsbereich für die zeitnahe Umsetzung des unternehmensspezifischen Kapazitätsbedarfs. Das Erfolgspotential der Maßnahmen ist stark von der Reaktionsgeschwindigkeit abhängig.[143] Für eine durchgängige Umsetzung der Strategien fällt dem Kapazitätsmanagement eine aktive Rolle zu, welche sich durch Gestaltungsfähigkeit und Systemdenken auszeichnet.[144] Neben einer systemkonformen Konzeption einer Flexibilisierungsstrategie steht deren Implementierung im Vordergrund und stellt im Sinne einer konzipierenden und gestaltenden Umsetzung das Gegenteil zu einer verwaltenden Administration dar. Auf diese Weise kann die Kapazitätsausrichtung des Unternehmens, trotz betrieblicher, informeller und organisatorischer Barrieren und Zielkonflikte erfolgreich umgesetzt werden.

Die umfassende Ermittlung der verschiedenen Kapazitätsanforderungen stellt damit unterschiedliche Anforderungsebenen an die Kapazitätsflexibilisierung. Zum einen haben sich die internen Unternehmensressourcen kontinuierlich anzupassen. Zum anderen ist der Einbezug externer Faktoren zur Steuerung der unternehmerischen Produktionskapazitäten notwendig und erweitert das Handlungsspektrum durch den kurzfristigen Zugriff auf externe Kapazitäten. Darüber hinaus erfordert Kapazitätssteuerung sowohl kurzfristig umsetzbare Maßnahmen, um zeitnahe Kapazitätsveränderungen einzuleiten, wie auch tiefgreifende Umgestaltungsmaßnahmen, deren Effekt sich erst zeitverzögert entfaltet.[145] Damit jedem dieser Anforderungsprofile entsprochen werden kann, sind also vier unterschiedliche Anforderungsebenen für Flexibilisierungsmaßnahmen in die Betrachtung mit einzubeziehen. Damit wandelt sich die Summe der gesellschaftlichen, technischen, wirtschaftlichen und strukturellen Anforderungsebenen in ein vierteiliges Anforderungssystem und bildet damit die Notwendigkeit ab, dass die Maßnahmen

[141] Zahn, E. & Bullinger, H.J. & Gagsch, B. (2009), S.114
[142] Vgl. Mayer, R. (1998), S.199
[143] Vgl. Gausemeier, J. & Pfänder, T. (2009), S.141
[144] Vgl. hier und im Folgenden: Seefelder, G. (2007), S.133
[145] Vgl. hier und im Folgenden: Seefelder, G. (2007), S.125

der Kapazitätsflexibilisierung kurz- und langfristige sowie interne und externe Maßnahmen beinhalten müssen, um allen Anforderungen zu begegnen.

Abbildung 14: Flexibilisierungsansätze anhand des Anforderungssystems

Mit dem Ziel, interne Ressourcen auf langfristige Umweltveränderungen auszurichten, dienen Flexibilisierungsansätze einer verbesserten strukturellen Flexibilität des Unternehmens. Durch den Einbezug externer Umweltveränderungen werden Unternehmen dazu befähigt, langfristige Entwicklungsszenarien zu entwerfen und auf Nachfragerückgänge frühzeitig zu reagieren. Um situative Kapazitätsflexibilität zu erreichen, werden kurzfristige Maßnahmen für die unternehmenseigenen Kapazitäten notwendig. Da diese Maßnahmen sehr kostenintensiv sind, wird das unternehmerische Handlungspotential kurzfristiger Kapazitätsfreisetzung durch den Einbezug externer Kapazitäten erweitert.

Auf Basis einer solchen Untergliederung der Flexibilisierungsansätze sind Unternehmen in der Lage, einzelne Flexibilitätsbedarfe bewusst anzusteuern und damit unternehmensspezifische Flexibilitätsanforderungen umzusetzen. Damit findet, mit Blick auf Kapitel drei, die bewusste Schaffung von Alleinstellungsmerkmalen anhand strategieabhängiger Marktpositionierung bzw. das spezifisch notwendige Flexibilitätsniveau zur Existenzsicherung Eingang in die Kapazitätsflexibilisierung. Durch die modulare Kombination dieser Einzelmaßnahmen werden Unternehmen zu einer individuellen Kapazitätsfaktorenflexibilisierung befähigt, welche bei einem konkreten Nachfragerückgang eine kostenreduzierende Verlagerung bzw. Reduzierung aller beteiligen Ressourcen ermöglichen soll.

Im nachfolgenden Kapitel werden konkrete Maßnahmen erarbeitet und anhand deren Wirkungsfähigkeit auf die einzelnen Flexibilitätsebenen bewertet. Dabei wird bezugnehmend auf die Hypothese analysiert, ob eine umfassende Umweltanalyse in Bezug auf kapazitätsrelevante Zusammenhänge notwendig ist. Kapitel fünf zeigt damit, wie der Einbezug unterschiedlicher Perspektiven zur Ermittlung der Anforderungsebenen, wie in Abbildung 14 dargestellt, erforderlich ist, damit die Summe an Einzelmaßnahmen den Kapazitätsanforderungen auf allen Flexibilitätsebenen gerecht wird. Für die vorliegende Arbeit entspräche dies einer Falsifizierung der Hypothese, falls bereits ausschließlich die internen oder die externen Maßnahmenansätze der Kapazitätsflexibilisierung ausreichend sind, um Überkapazität auf allen vier Anforderungsebenen zu begegnen.

5 Maßnahmen der Kapazitätsflexibilisierung

Probleme kann man niemals mit derselben Denkweise lösen, durch die sie entstanden sind.
(Albert Einstein)

Das vorliegende Kapital erarbeitet einen Maßnahmenkatalog, um das Auslastungsrisiko der Produktionskapazitäten zu reduzieren. Hierfür werden in einem ersten Schritt, auf Basis des Anforderungssystems aus Kapitel vier, Ansätze für Flexibilisierungsmaßnahmen für die Beherrschbarkeit fixer Kosten hergeleitet und erläutert. Auf dieser Grundlage werden die finalen vier Flexibilisierungsansätze des *Ganzheitlichen Kapazitätsmanagements* entwickelt: die Überkapazitätsvermeidung, die Kapazitätsvariabilisierung, die Kapazitätsmobilisierung und die geordnete Kapazitätsreduzierung. Konkrete Einzelmaßnahmen zur Umsetzung dieser Ansätze werden in jeweils einem der folgenden Unterkapitel erläutert. Den Abschluss bildet schließlich eine Zusammenfassung der Einzelmaßnahmen und deren Gesamtwirkung.

5.1 Struktur der Maßnahmenansätze

Nach der Ermittlung einer potentiellen Flexibilitätslücke auf Basis von Kapitel drei und der Herleitung von Anforderungsebenen für Flexibilisierungsansätze in Kapitel vier schildert dieses Unterkapitel Maßnahmen zur Flexibilisierung von Produktionskapazitäten. Mit dem Bestreben Flexibilisierungsmaßnahmen zu entwerfen, löst sich die Zielsetzung der Untersuchung bewusst von der traditionellen Kapazitätsreduzierung im Sinne von Entlassungen und Desinvestitionen. Diese Einzelmaßnahmen sind aufgrund ihrer Kostenintensität kritisch zu hinterfragen und nur begrenzt einsetzbar: Kündigungen sind beispielweise an rechtliche Forderungen gebunden und Desinvestitionen können erhebliche sonstige betriebliche Aufwendungen verursachen. Die Realisierung der Kapazitätsanpassungsstrategie *Partielle Emanzipation* ist auf Basis dieser reinen Kapazitätsreduzierungsmaßnahmen nicht kostensenkend umzusetzen.

Aus diesem Grund zielt der Ansatz des *Ganzheitlichen Kapazitätsmanagements* auf eine holistische Beeinflussung der unternehmerischen Fixkosten ab, anstatt diese lediglich zu reduzieren. Damit werden notwendige Freiheitsgrade für die Kapazitätsanpassung im Rahmen der *Partiellen Emanzipation* geschaffen, aber auch Unternehmenskrisen verhindert. Da der Lösungsansatz hinsichtlich seiner langfristigen, kostenreduzierenden Wirkung bewertet wird, ist eine nachhaltige und sozialverträgliche Lösung zu verfolgen. Flexibilisierungsmaßnahmen zielen aus diesem Grund auf eine solch nachhaltige Beeinflussung der Fixkosten ab, welche über die Reduzierung der internen Kapazitäten hinaus geht. Somit stehen Maßnahmen im Vordergrund, welche die Produktionskapazitäten auf Basis einer mehrstufigen, gezielten Fixkostenanpassung beeinflussen und damit auf Maßnahmen wie Entlassungen oder Desinvestitionen nach Möglichkeit verzichten können. Zur Konkretisierung dieser Maßnahmenansätze bedient sich diese Arbeit der notwendigen *Anforderungen zur Komplexitätsbeherrschung* nach WAGNER: Lernbereitschaft, Wandlung- und Innovationsfähigkeit:[146]

- Lernbereitschaft: Durch eine verbesserte Kapazitätssteuerung anhand der unternehmerischen Kompetenzen und Maßnahmen zur frühzeitigen Identifizierung von Nachfrage- bzw. Umweltveränderungen können Überkapazitäten vermieden werden.
- Wandlungsfähigkeit: Mittels der teilweisen Verlagerung von Kapazitäten an Externe können sich Unternehmen in kürzeren Zeiträumen verändern. Das Auslastungsrisiko wird reduziert, indem die einzelnen Leistungspotentiale nur zeitlich begrenzt zur Verfügung stehen.
- Innovationsfähigkeit: Mit einer breiten Basis an Kompetenzen, zusätzlichen Ressourcen und der Dezentralisierung von Verantwortung können sich Produktionskapazitäten anhand bestehender Nachfragebedingungen rekonfigurieren. Damit entstehen für das Leistungspotential durch eine verbesserte Prozessflexibilität alternative Nutzungsmöglichkeiten.

Auf Basis dieser Flexibilisierungsmaßnahmen können Unternehmen ihre Produktionskapazitäten proaktiv steuern und damit durch unterschiedliche Ansatzpunkte unternehmerische Krisen vermeiden.[147] Dabei ist zu beachten, dass diese Maßnahmen aufeinander abzustimmen sind und ein Gesamtpaket bilden. Dieses sollte einerseits kurzfristig eine positive Ertrags- bzw. Liquiditätswirkung im operativen Bereich entfalten, um Fehlentwicklungen zu verzögern und Handlungsspielraum zu schaffen. Andererseits sollte es langfristige, strategische Verbesserungen initiieren, wofür Instrumente zur Prognostizierung der Geschäftsentwicklung notwendig sind.

Auf der Grundlage dieser *Anforderungen zur Komplexitätsbeherrschung* und mit dem Einbezug der traditionellen Kapazitätsreduzierung bildet sich der vierteilige Flexibilisierungsansatz, wie in Abbildung 15 grafisch dargestellt. Die Achsenskalierung ergibt sich aus dem Anforderungssystem aus Kapitel vier und bewertet die Flexibilisierungsmaßnahmen auf der Basis von Umsetzungsdauer und Einbezug externer Faktoren.

---

[146] Vgl. Wagner, H. (2006), S.107
[147] Vgl. hier und im Folgenden: Schmidt-Gothan, H. (2007), S.125

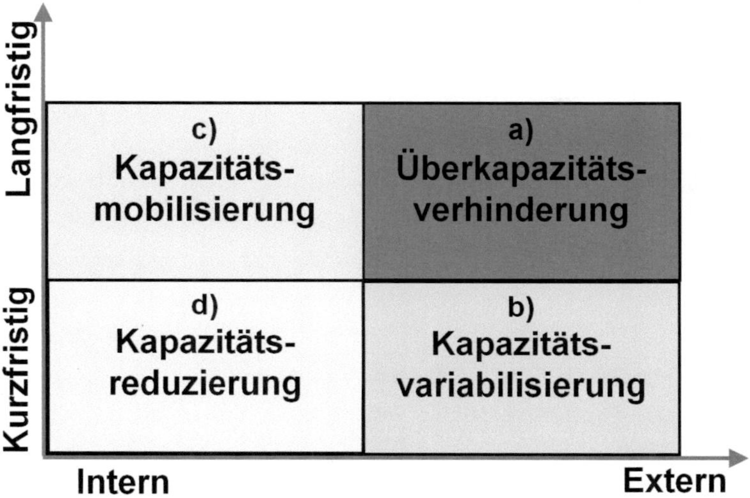

Abbildung 15: Flexibilisierungsmaßnahmen

a) Überkapazitätsvermeidung reduziert durch langfristige Antizipation und Szenariobildung über mögliche, externe Veränderungen bereits den Aufbau von Überkapazität. Darüber hinaus werden auf Basis kontinuierlicher Wettbewerbsanalysen unternehmerische Kernkompetenzen langfristig entwickelt und bewusst durch kompetenzorientierten Ressourcenaufbau unterstützt. Die kontinuierliche Prüfung von Investitionen bzw. Einstellungen beschränkt flexibilitätsreduzierende Fixkosten dadurch, dass auslastungsgefährdeter Kapazitätsaufbau nach Möglichkeit unterlassen wird und die Leistungspotentiale anderweitig verfügbar gemacht werden. Der Nicht-Aufbau von Kapazitäten beschreibt den "Königsweg" unternehmerischer Flexibilität, auch entstehen neben dem administrativen Aufwand keine direkten Kosten durch die Investitionskontrollmaßnahme. Die Grenzen dieses Ansatzes liegen in fehlerhaften Prognosen und Nachfrageschwankungen, welche trotz frühzeitiger Identifikation nicht generell vermeidbar sind. Darüber hinaus ist die Kapazitätserweiterung aus strategischen Gründen mitunter trotz eines Auslastungsrisikos notwendig.

b) Kapazitätsvariabilisierung beschreibt die Auslagerung von Produktionskapazitäten an externe Dienstleister. Damit entledigt sich das Unternehmen des Kapazitätsrisikos (und deren Rendite) ohne auf erforderliche Herstellprozesse mit speziellen Kapazitätsanforderungen verzichten zu müssen. Hierdurch wird ein Teil der fixen Kapazitätserhaltungskosten variabilisiert und kann bei Nicht-Ausnutzung der Kapazität abgebaut werden. Der Anteil an ausgelagerter Kapazität kann unternehmensspezifisch festgelegt werden und erweitert damit individuell die Möglichkeiten kurzfristiger Kapazitätsreduzierung. Dadurch bilden die entstandenen Zusatzkosten in Zeiten guter Geschäftsentwicklung ein Sicherheitspolster für Nachfragerückgänge.

c) Kapazitätsmobilisierung zielt darauf ab, Produktionskapazität im Unternehmen zu erhalten und deren Einsatzspektrum zu vergrößern. So führt die Ausrichtung der unternehmensinternen Kapazitäten auf zukünftige Marktveränderungen zu einer verbesserten Anpassungsfähigkeit. Durch die vielseitige Verwendbarkeit der Einzelkapazitäten und deren Befähigung, sich anhand neuer Anforderungen zu rekonfigurieren, nimmt das langfristige Auslastungsrisiko kontinuierlich ab. Darüber hinaus schafft dieser Ansatz Innovationsbereitschaft und eine hohe Prozessflexibilität. Die Gefahren liegen in einer gesteigerten Fehlerquote (*Trial and Error*) und erhöhten Weiterbildungs- und Strukturierungskosten. Darüber hinaus kann selbst eine ausgeprägte Kapazitätsmobilität für radikale Nachfrageänderungen unzureichend sein.

d) Kapazitätsreduzierung beschreibt den zeitlich begrenzten oder dauerhaften Abbau von internen Produktionskapazitäten als einen finalen Schritt zur Beseitigung des unternehmerischen Auslastungsrisikos. Die Kombination von Einzelmaßnahmen mit unterschiedlicher Wirkung steht hierbei im Vordergrund, denn auf diese Weise können Mängel einzelner Methoden, wie beispielweise ein hoher einmaliger Liquiditätsbedarf, abgemildert werden.

Die vorliegende Arbeit versteht diese vier Flexibilisierungsansätze als strategische Maßnahmen trotz der Möglichkeit Kapazitätsvariabilisierungs- bzw. Kapazitätsreduzierungsmaßnahmen kurzfristig im Unternehmen umzusetzen. Das Wirkungspotential dieser Ansätze ist von der vorausgegangenen Vorbereitung und von der Verknüpfung der spezifischen Einzelmaßnahmen abhängig.[148] Damit folgen die Kapazitätsflexibilisierungsansätze einem strategischen Aufbau und werden erst damit zielführend.[149] Auf dieser Basis zeigt die vorliegende Arbeit einen Lösungsweg für die SCHMALENBACHsche Problemstellung auf, indem unternehmerische Fixkosten, ohne Einschränkung der Alleinstellungsmerkmale, in einem mehrstufigen Prozess zunehmend besser beherrschbar werden:

---

[148] Vgl. Gausemeier, J. & Pfänder, T. (2009), S.146

[149] Siehe Kapitel 1.4 - Abgrenzung relevanter Begrifflichkeiten

a) Durch Überkapazitätsvermeidung werden Fixkosten bereits im Aufbau auf deren Notwendigkeit überprüft und anhand der Szenariotechnik in Bezug auf das Auslastungsrisiko prognostiziert und entsprechend ausgewählt.

b) Maßnahmen zur Kapazitätsvariabilisierung reduzieren die unternehmerischen Fixkosten. Dabei werden für das Unternehmen besonders risikobehaftete Kapazitäten durch extern zugekauftes Leistungsvermögen mit variablen Kosten ersetzt.

c) Die Kapazitätsmobilisierung erzeugt bei den im Unternehmen verbleibenden Produktionskapazitäten eine vielseitige Einsetzbarkeit. Auf diese Weise können sich die Unternehmensressourcen kontinuierlich erneuern und sind damit zwar fix, jedoch mobil im Rahmen von verschiedenen Alternativen einsetzbar. "Je weniger die fixen Kosten versunkene Kosten sind, umso weniger stellen die fixen Kosten ein Problem der Unternehmensführung dar".[150]

d) Treten trotzdem (fixe) Leerkosten auf, so werden diese durch eine gezielte und angepasste Kapazitätsreduzierung auf Basis von zeitlich beschränkten, gemäßigten oder, falls notwendig, massiven Einzelmaßnahmen abgebaut.

Es folgt eine Aufstellung und Beschreibung von konkreten Einzelmaßnahmen zur Überkapazitätsverhinderung, der Kapazitätsvariabilisierung, -mobilisierung und -reduzierung, welche das Spektrum der Kapazitätsflexibilisierungsmaßnahmen darstellen. Diese Aufstellung erhebt jedoch keinen Anspruch auf Vollständigkeit. Darüber hinaus nimmt die Arbeit nur eine kurze Beschreibung der Einzelmaßnahmen mit einem klaren Fokus auf deren Flexibilisierungswirkung vor. Eine weitere, ausführliche Betrachtung überstiege den Rahmen der vorliegenden Arbeit und würde der eigentlichen Fragestellung nicht gerecht.

5.2 Maßnahmen zur Überkapazitätsvermeidung

Die hier erläuterten Maßnahmen zielen darauf ab, durch eine vorausschauende und langfristige Perspektive Überkapazität zu vermeiden. Da Überkapazitäten sich häufig auf Basis von Marktveränderungen und der unternehmerischen Wettbewerbsposition ergeben, wird die Betrachtung externer Veränderungen in die Fixkostenbeherrschung einbezogen. Trotzdem stellen diese Maßnahmen keine Ansatzpunkte zur Kapazitätsbeeinflussungsstrategie im Sinne des *Revenue*

---

[150] Kaufer, E. (1984), S.16

Management dar, sondern beziehen sich, der Fragestellung der Arbeit entsprechend, ausschließlich auf eine ganzheitliche Kapazitätsanpassungsstrategie.[151]

5.2.1 Szenarioplanung

Die Vermeidung von Überkapazität basiert auf einer verstärkten Integration von Szenarioplanungen in den Kapazitätsaufbauprozess. Durch das Bewusstsein, dass Unternehmen in komplexen Systemen agieren, welche sich aus schwer überschaubaren und dynamischen Zusammenhängen begründen, wandeln sich langfristige Kapazitätsplanung und -verfügbarmachung zu einer erfolgskritischen Aufgabe. Damit werden Kapazitätsentscheidungen erst durch eine erfolgreiche Zukunftsprognose möglich, welche auf Szenariotechniken basiert. Die systematische Auseinandersetzung mit der unternehmerischen Zukunft basiert auf den Annahmen, dass:[152]

- die Zukunft keine direkte Fortschreibung der Vergangenheit ist und sich von dieser unterscheidet. Für die geistige Vorwegnahme der Zukunft ist somit die Prognose der bevorstehenden Entwicklungen notwendig.
- Indikatoren für die Entstehung von zukünftigen Veränderungen bereits in der Gegenwart vorhanden sind, wenn auch teilweise schwer wahrzunehmen. Diese Annahme beruht auf *dem* ANSOFF*schen Konzept*, wonach Umweltveränderungen im technologischen, ökonomischen oder sozialen Bereich nicht unvorhersehbar auftreten, sondern durch sogenannte *weak signals* angekündigt werden, da die verursachende Diskontinuität durch den Menschen verursacht ist.[153]

Auf dieser Basis ergibt sich eine Notwendigkeit nach Prognoseinstrumenten zur Erstellung und Bewertung unterschiedlicher Zukunftsszenarien. Das Denken in Szenarien ergibt sich aus dem *Vernetzten Denken* und der *Multiplen Zukunft*:[154] Das *Vernetzte Denken* beschreiben GAUSEMEIER & PFÄNDER als "Teil eines Gesamtsystems in ein komplexes Netz von Einflussfaktoren".[155] Eine besondere Relevanz kommt dabei den Wechselwirkungen zwischen den einzelnen Einflussfaktoren zu, welche es erschweren, das Erfolgspotential einer Einzelmaßnahme über den Zeitverlauf nachvollziehbar bzw. prognostizierbar zu machen.[156] Ein wichtiger Ansatz zur

---

[151] Siehe Kapitel 2.3 - Grundlagen des Kapazitätsmanagements
[152] Vgl. hier und im Folgenden: Gausemeier, J. & Pfänder, T. (2009), S.141/142
[153] Vgl. Blatz, M. & Haghani, S. (2006), S.303; Krystek, U. (2006a), S.235
[154] Vgl. hier und im Folgenden: Gausemeier, J. & Pfänder, T. (2009), S.141
[155] Gausemeier, J. & Pfänder, T. (2009), S.141
[156] Vgl. Watermann, U. (2000)

Komplexitätsbeherrschung des *Vernetzten Denkens* bietet die *System Dynamics Methode*.[157] Diese erschafft auf Basis von Systemen anhand der Strukturtheorie, der Berücksichtigung von Informationsrückkopplungen und dem Einsatz von Computersimulationen die Beschreibung eines Systemverhaltens und erleichtert damit die Bewertung von gezielten Einzelmaßnahmen für das Systemverhalten.[158]

Der Begriff der *Multiplen Zukunft* bringt die steigende Dynamik des unternehmerischen Umfeldes zum Ausdruck.[159] Durch die zunehmende Vernetzung und Nicht-Linearität können nicht beachtete Ereignisse ein ganzes System nachhaltig verändern.[160] TALEB beschreibt diese Gefahr kurzfristig unwahrscheinlicher, jedoch folgenreicher Ereignisse, welche analytisch schwer zu erfassen sind.[161] Auf Grund der erschwerten Vorhersagbarkeit wird die Planung von verschiedenen, potentiellen Zukunftsentwicklungen notwendig, um die Komplexität der Umweltdynamik in einem holistischen Sinne zu erfassen.[162] Nur so ist die zeitnahe Reaktion auf unterschiedliche Entwicklungen möglich. Damit hat sich auch die Organisation und das Instrumentarium des Unternehmenscontrollings auf die zunehmende Dynamik einzustellen.[163] Eine stärkere Hinwendung zu komplexitätserfassenden Methoden zur Entscheidungsunterstützung und Sicherung der Nachhaltigkeit wird damit wichtiger.

5.2.2 Frühwarnsysteme

Ein wichtiger Schritt zur Vermeidung von Überkapazitäten sind Frühwarnsysteme. Durch die Einführung einer durchgängigen und systematischen Unternehmensanalyse können interne und externe Veränderungen frühzeitig identifiziert werden.[164] Damit sind Frühwarnsysteme eine elementare Voraussetzung für Kapazitätsmanagement, da sie proaktives Handeln bei einem Bedingungswandel ermöglichen.[165] Die systematische Früherkennung kann in einen dreistufigen Prozess unterteilt werden: Der *Frühwarnung*, dem zeitnahen Orten von Veränderungen, der *Früherkennung*, dem Ableiten von Chancen und Risiken durch den Wandel und der *Frühaufklärung*, dem Einleiten und Sicherstellen von Gegenmaßnahmen.

---

[157] Siehe Schöneborn, F. (2003), S.34ff. für weiterführende Informationen
[158] Vgl. Nagel, M. (2003), S.42/43
[159] Vgl. Gausemeier, J. & Pfänder, T. (2009), S.141
[160] Vgl. Arzt, T. & Mayer-Galow, E. (2009)
[161] Für weiterführende Informationen siehe: Taleb, N. (2008)
[162] Vgl. Arzt, T. & Mayer-Galow, E. (2009)
[163] Vgl. Horvath, P. (2009), S.950
[164] Vgl. Seefelder, G. (2007), S.95
[165] Vgl. hier und im Folgenden: Krystek, U. (2006a), S.223/224

Umweltveränderungen treten anhand dem Konzept von ANSOFF nicht ohne Vorzeichen auf, daher erfolgt die Früherkennung über Kennzahlensysteme, in welchen jeweils verschiedene Kennzahlen zusammengefasst sind, um deren Aussagekraft zu verstärken.[166] Im Bereich der Kapazitätsplanung sind sowohl absolute Kennzahlen (Entwicklung der Lagerwerte oder potentielle Maximalkapazität) als auch relative Kennzahlen (Mitarbeiter- und Maschinenauslastung) relevant. Zur Vermeidung von Fehlinterpretationen ist es bei auftretenden Werteänderungen wichtig, anstelle hoch aggregierter Hauptkennzahlen die jeweiligen Kennzahlen-Berechnungsbasen zu analysieren. Ein weiteres Verfahren ist die Planhochrechnung, welche Abweichungen in einer Soll-Ist-Abweichung direkt veranschaulicht. Auf diese Weise kann beispielsweise die generelle Abnahme von Überstunden-Konten oder eine Reduzierung der Durchlaufzeiten ein Indiz für Überkapazität sein. In diesem Zusammenhang wird der externen Durchführung eines Beschwerdemanagements hohe Bedeutung beigemessen, um Versäumnisse transparent und strukturiert zu erfassen.[167]

Für eine Dezentralisierung der Prozessverantwortung auf die operativen Ebenen, die sogenannte *lean production,*[168] stellt die Einführung von Frühwarn- und Informationssystemen eine wichtige Voraussetzung dar.[169] Durch eine ausreichende Informationsbereitstellung werden Qualitäts- und Quantitätsverschiebungen verdeutlicht und ermöglichen eine direkte Reaktion der eigenverantwortlichen, dezentralisierten Fertigungsteams. Frühwarnsysteme zur Betrachtung langfristiger Veränderungen sind aufgrund ihres langen Betrachtungszeitraums und der ganzheitlichen Unternehmensbetrachtung weniger strukturierbar, sie analysieren nicht nur ausgewählte Bereiche, sondern die gesamte Umwelt auf Indizien. Die Betrachtung einzelner langfristiger Kennzahlen zur Kapazitätsentwicklung, wie des Qualifikationsniveaus, des Produktionsanlagenalters oder der Produktivität wird diesem Anspruch nicht gerecht. Vielmehr ist, vergleichbar mit der *Balanced Scorecard*, eine ausgewogene Berücksichtigung aller erfolgsrelevanten Perspektiven bzw. Dimensionen notwendig.[170] Da Umweltveränderungen nicht vordefi-

---

[166] Vgl. hier und im Folgenden: Krystek, U. (2006a), S.226/277
[167] Vgl. Seefelder, G. (2007), S.96
[168] Vgl. Gienke, H. & Kämpf, R. (2007), S.128ff.: „*lean production* als Produktionsorganisation mit den Zielen Kompetenz und Verantwortung in Netzwerken zusammenzuführen und durch kontinuierliche Verbesserungsansprüche Verschwendung zu reduzieren."
[169] Vgl. Bergauer, A. (2001), S.192
[170] Vgl. Ackermann, K. & Bahner, J. (2009), S.205

nierbar und damit schwer auszumachen sind, bedient sich die strategische Früherkennung zwei allgemeiner Basisaktivitäten:[171]

a) *Scanning*: Einem bewusst nicht-zielgerichteten Suchvorgang in alle Richtungen, welcher analog zu einem 360-Grad-Radar Signale aller Umweltveränderungen abbildet.

b) *Monitoring*: Eine vertiefte und dauerhafte Beobachtung und Dokumentation möglicher Signale mit dem Fokus auf deren Intensivierung.

Diesen Basisaktivitäten schließen sich gemäß dem *Konzept der strategischen Früherkennung* nach HAMMER folgende Schritte an:[172]

c) Bildung sogenannter *Trendlandschaften* durch Gruppierung von Einzelphänomenen nach Gemeinsamkeit und wechselseitiger Abhängigkeit

d) Beurteilung der Relevanz einzelner Trendlandschaften für das Unternehmen

e) Gegebenenfalls eine Weiterleitung der Informationen an die Geschäftsführung und die Erarbeitung von Reaktionsstrategien

Maßnahmen zur Früherkennung von Veränderungssignalen liefern die Basis für eine durchgängige Anpassung der Produktionskapazität. Auf operativer Ebene wird damit konkreter Handlungsbedarf aufgezeigt, um Kapazitäten zu verändern. Die Früherkennung auf lange Sicht leistet einen Beitrag, um Kapazitätsfaktoren bei Bedarf langfristig mobiler und variabler zu gestalten, um deren Verlagerung bzw. Reduzierung überhaupt zu ermöglichen.

5.2.3 Kompetenzorientierte Risikosteuerung

Ein dritter Punkt zur Vermeidung von Überkapazität liegt in der methodischen Bewertung des Kapazitätskostenrisikos und einer entsprechenden Steuerung der Kapazitäten. MARKOWITZ beschreibt Investitionen als eine individuell-beeinflussbare Kombination aus Risiko und Rendite, in welcher der Investor seine spezifische Risikopräferenz in einem Portfolio umsetzt.[173] Hierbei ist festzuhalten, dass Rendite nur durch das In-Kauf-Nehmen von Risiko erreichbar ist. Das Kapazitätskostenrisiko kann dementsprechend nicht allgemein verhindert, sondern lediglich verlagert werden. Da Risikoverlagerung auch Rendite reduziert, sollte sich aus theoretischer Sicht jedes Unternehmen so positionieren, dass diejenigen Risiken im Unternehmen gehalten

---

[171] Vgl. hier und im Folgenden: Krystek, U. (2006a), S.234ff.
[172] Vgl. hier und im Folgenden: Hammer, R. (1998), S.252ff.
[173] Vgl. Markowitz, H. (1991), S.22/23; siehe Kapitel 2.3 - Grundlagen des Kapazitätsmanagements

werden, deren Beherrschung mit den Kompetenzen des Unternehmens korreliert. Folglich ist bei Investitionen, welche zu Auslastungsrisiken führen, die durch die Summe der Unternehmenskompetenzen nicht hinreichend beherrschbar sind, das Kapazitätseigentum zu meiden. Andernfalls sind, bei einer langfristigen Notwendigkeit spezifische Kapazitäten zu besitzen, die entsprechenden Risikobeherrschungskompetenzen aufzubauen.

Dieses theoretische Konzept entspricht dem allgemeinen Wandel der Managementprinzipien weg von einer Economy of Scale bzw. of Scope hin zu einer klaren Fokussierung auf die unternehmerischen Kompetenzen (Economy of Focus bzw. of Competence).[174] Ziel der Unternehmensführung sollte also keine allgemeine Reduzierung der Produktionskapazitäten sein, sondern vielmehr eine flexibilitätsoptimale Gestaltung der unternehmerischen Lieferanten-Abnehmer-Beziehung, in welcher die Kapazität im Eigentum des Betreibers mit der geeigneten Risikominimierungsstrategie verbleibt.[175]

Wichtige Voraussetzung für diese Art der Kapazitätssteuerung ist neben der Evaluierung der eigenen Kapazitätsmanagement-Kompetenz und einer partnerschaftlichen Lieferantenbeziehung die Abbildung und Quantifizierung des Kapazitätsrisikos. Diese geschieht durch die Prognostizierung eines Risikoumfeldes, in welchem durch die geistige Vorwegnahme unterschiedlicher Entwicklungsmöglichkeiten latente Risiken verdeutlicht werden können.[176] Die Entscheidungsqualität nimmt in diesem Bereich mit zunehmenden Betrachtungsweisen von verschiedenen Personen und deren individuellen Kompetenzen zu, da durch interessenbezogene, konstruktive Konflikte vielseitige Szenarien in die Diskussion eingebracht und innovative Lösungen erzeugt werden.[177] So beschreibt PORTER, dass Überkapazität besonders in jenen Unternehmen entsteht, welche stark auf die Produktion fokussiert sind und damit Marketing- oder Controllingperspektiven vernachlässigen.

Das Unterkapitel 5.2 hat sich auf Basis von Szenarioplanung mit der Vermeidung von Überkapazität befasst. Dies gelingt durch eine vorausschauende Planung, Frühwarnsysteme und eine kompetenzbasierte Risikobeherrschung. Diese Maßnahmen befähigen Unternehmen auf der einen Seite dazu, Produktionskapazitäten und damit betriebliche Fixkosten auf Basis von Prognosen besser zu steuern. Auf der anderen Seite muss jedoch festgehalten werden, dass dieser

---

[174] Vgl. Zahn, E. & Bullinger, H.J. & Gagsch, B. (2009), S.113/114; siehe Kapitel 4.4 – Strukturelle Anforderungen
[175] Vgl. Wildemann, H. (2005), S.150/151
[176] Vgl. Seefelder, G. (2007), S.120
[177] Vgl. hier und im Folgenden: Porter, M. (2008), S.413/414

erste Flexibilisierungsansatz des *Ganzheitlichen Kapazitätsmanagement* an methodische Grenzen stößt: "Wo Prognosen nicht möglich sind oder unnütze Bemühungen bedeuten, wird Flexibilität zur Basis der Responsefähigkeit, [...] eine überlebenswichtige Eigenschaft offener Systeme."[178] Daher ist die Erweiterung des Maßnahmenkatalogs um zusätzliche Flexibilisierungsansätze von Bedeutung.

5.3 Maßnahmen zur Kapazitätsvariabilisierung

Durch eine Erhöhung der Fixkostenquote ergibt sich eine Verschärfung der Leerkostenproblematik.[179] Dies resultiert laut GUTENBERG in einer steilen Kostenkurve, welche bereits bei geringen Produktionsmengenänderungen Mehrkosten verursacht und damit die Flexibilität reduziert, da das quantitative Produktionsoptimum in einem engen Mengenspektrum liegt.[180]

Das vorliegende Unterkapitel verfolgt den Ansatz, diese Kostenkurve durch eine Variabilisierung der Kapazitätskosten abzuflachen und damit die Kapazitätsflexibilität zu verbessern. Allgemein erfolgt dies durch den Einbezug von externen Dienstleistern und durch flexible Arbeitszeitmodelle. Dies wird langfristig durch die strategische Ausnutzung von Out- bzw. Insourcing-Potentialen erreicht, mittelfristig durch das Vorhalten von Teilkapazitäten über Zeit- bzw. Leasingverträge. Auf diese Weise wird das Kapazitätseigentum verlagert, ohne jedoch als Leistungsempfänger die Möglichkeit der Kapazitätsnutzung einzubüßen. Kurzfristige Variabilisierung erfolgt über Zeitguthaben und Kurzarbeit.

5.3.1 Insourcing

Klassische Make-or-Buy-Entscheidungen werden häufig unter Kostenaspekten getroffen, sobald der Einhalt von Liefersicherheit und -qualität sichergestellt werden kann.[181] Neben diesen Aspekten bietet die Möglichkeit der Fremdvergabe bei gleichzeitigem Vorhalten von Produktions-Know-how eine Grundlage für Flexibilität, indem die Fremdvergabe revidiert werden kann (Insourcing).[182] Durch Insourcing schafft das Unternehmen einen direkten Bedarf nach eigenen Kapazitätseinheiten, reduziert Koordinations- und Transportkosten und erhöht damit den operativen Cashflow, da direkte Liquiditätsabflüsse zur Begleichung von Verbindlichkeiten durch nicht liquiditätswirksame Kapazitätskosten ersetzt werden. In der aktuellen Wirtschaftskrise sahen 27% der weltweit operierenden Unternehmen im Automobil- und Maschinenbausektor

---

[178] Zahn, E. & Nowak, M. & Schön, M. (2005), S.84
[179] Siehe Kapitel 4.2 - Technische Anforderungen
[180] Vgl. Gutenberg, E. (1962), S.258
[181] Vgl. Engelbrecht, C. (2004), S.241/242
[182] Vgl. hier und im Folgenden: Bleiber, R. (2009), S.46/47

Insourcing als einen Weg zur Steigerung der Kapazitätsauslastung in Zeiten von Auftragsrückgängen.[183]

Dieser Prozess zur Steigerung des unternehmerischen Kapazitätsbedarfs muss langfristig und systematisch geplant werden. Aus Flexibilitätsgründen ist besonders die Fremdvergabe von Teilmengen optimal, während die eigene Fertigung eine konstante, auslastungsoptimale Fertigungsmenge selbst herstellt, um Prozess-Know-how vorzuhalten.[184] Darüber hinaus ist eine Modularisierung der Produkte erfolgskritisch, welche:[185]

- alle Produkte in einzelne, geschlossene Funktionseinheiten (Module) unterteilt
- diese Module standardisiert und damit eine direkte Austauschbarkeit herstellt, die jedoch ebenso eine kunden-individuelle Kombination ermöglicht
- klar definierte Schnittstellen zwischen den Modulen festlegt und damit die Auslagerung von Modulen zulässt, ohne den Kernprozess der Fertigung zu beeinflussen

Unter diesen Voraussetzungen ist die erfolgreiche Umsetzung von Insourcing in Krisenzeiten mittelfristig durchführbar, wenn andere Möglichkeiten der Kapazitätsvariabilisierung bereits ihre Wirkung entfaltet haben. Damit bietet Insourcing einen Kapazitätspuffer, welcher die Flexibilität dadurch verbessert, dass die Kapazitätsnachfrage einmalig dauerhaft erhöht und die Liquiditätssituation entlastet wird.[186]

5.3.2 Zeit- und Leasingverträge

Durch den zielbewussten Einsatz von Zeitverträgen in der Personaleinstellung bzw. durch Leasingverträge bei der Maschinenbeschaffung können Unternehmen Produktionskapazitäten flexibilisieren.[187] Die daraus gewonnene Anpassungsfähigkeit ergibt sich, indem ein unternehmensindividueller Anteil an Kapazitätskosten variabilisiert wird.

Die Beeinflussung der Personalkosten ist hierbei von entscheidender Bedeutung, da diese allgemein einen erheblichen Fertigungskostenblock darstellen. Eine empirische Studie zur Krisenbewältigung von BERGAUER prognostiziert grundsätzlich einen Personalabbau von ca. 10%

[183] o. V. (2009): Die Studie betrachtet lediglich 80 weltweit operierende Unternehmen, 48 dieser Unternehmen haben ihren Unternehmenssitz in Deutschland.
[184] Vgl. Bleiber, R. (2009a), S.64
[185] Vgl. Gienke, H. & Kämpf, R. (2007), S.179
[186] Vgl. Engelbrecht, C. (2004), S.241/242
[187] Vgl. hier und im Folgenden: Bleiber, R. (2009a), S.69

pro Krisenjahr.[188] Diese Studie sieht allgemein eine Zeitdauer von durchschnittlich zwei Jahren als notwendig an, um einen Anpassungsprozess abzuschließen. Bis zum Turnaround wird der Personalbestand somit insgesamt um ungefähr 20% reduziert. Die unternehmensspezifische Quote für Zeitverträge sollte sich hingegen durch den individuellen Anpassungsbedarf auf den unterschiedlichen Flexibilitätsebenen ergeben.

Die Aufhebung von Zeitarbeitsverträgen ist grundsätzlich nicht betriebsratsmitbestimmungspflichtig.[189] So bietet die Nutzung von sogenannter *Arbeitnehmerüberlassung* die Möglichkeit, kurzfristig und einseitig Personalkapazitäten zu reduzieren und damit sowohl die Ertrags- als auch die Liquiditätssituation nachhaltig zu verbessern.[190] Jedoch bedarf der Einsatz von Leiharbeitern, wenn hierdurch Neueinstellungen substituiert werden, der Zustimmung des Betriebsrates.[191] Bisher stellen Zeitverträge 3% aller deutschen Arbeitsverhältnisse dar, in der Metall- und Elektroindustrie sind es 6%.[192] In Deutschland gibt es eine steigende Nachfrage nach Zeitarbeit, die Wachstumsraten bewegten sich bis Mitte 2008 im zweistelligen Prozentbereich. Dem bisherigen Höchststand von ca. 800.000 Beschäftigten im Juni 2008 folgte ein starker, krisenbedingter Einbruch auf 490.000 im Folgejahr 2009. Die langfristigen, mikroökonomischen Auswirkungen durch eine hohe Zeitarbeiterquote sind noch umstritten, besonders in wissensbasierten oder prozessintensiven Wertschöpfungen können zeitlich befristete Know-how-Träger Konflikte verursachen. Festzuhalten ist jedoch, dass Unternehmen, welche bestehende Fertigungsmitarbeiter durch zusätzliche Leiharbeit ergänzen können, durch den begrenzten Einsatz von Zeitarbeitern eine erhebliche Flexibilitätssteigerung erzielen können. Hierfür sind neben integrativen Managementfähigkeiten besonders Weiterbildungen der Stammbelegschaft sowie die ausführliche Einarbeitung der Zeitarbeiter relevant.

Ein weiterer Ansatz zur mittelfristigen Variabilisierung von Kapazitätskosten sind Leasingverträge. Bei diesen verbleibt das Eigentum des Anlagevermögens bei einer Leasinggesellschaft, welche die Nutzung des Leasinggegenstandes gegen ein Entgelt zur Verfügung stellt.[193] Im Gegensatz zu deutscher Literatur, welche über keine einheitliche Abgrenzung verfügt, trennen die *International Finance and Reporting Standards* (IFRS) strikt zwischen einem *finance lease*,

---

[188] Vgl. hier und im Folgenden: Bergauer, A. (2001), S.176: "Insgesamt reduzieren die untersuchten Unternehmen ihre Beschäftigtenzahl von Krisenbeginn [...] um durchschnittlich 10,3% p.a."

[189] Vgl. Bleiber, R. (2009b), S.89

[190] Vgl. Bleiber, R. (2009), S.53

[191] Vgl. Bleiber, R. (2009b), S.96

[192] Vgl. hier und im Folgenden: DGB Bundesvorstand Bereich Arbeitsmarktpolitik (2009)

[193] Vgl. Bergauer, A. (2001), S.217

welches als eine Finanzierungsalternative gewertet wird und dem *operate lease*, welches ein tatsächliches Mietverhältnis darstellt und damit das (Auslastungs-)Risiko beim Leasing-Geber belässt.[194] Damit erhöht das "operative Leasing" die Flexibilität und verbessert bei Nicht-Verlängerung des Leasingvertrages die Ertrags- und Liquiditätssituation des Leasingnehmers. Die deutsche Leasingquote[195] liegt mit 16,1% in 2008 deutlich über dem europäischen Durchschnitt.[196] Gemäß dem *Bundesverband Deutscher Leasing-Unternehmen* sind in Deutschland inzwischen über die Hälfte aller außenfinanzierten Ausrüstungsinvestitionen durch Leasing realisiert worden. Nach Fahrzeugen, welche die häufigste, geleaste Güterart darstellen, werden besonders Fertigungsanlagen geleast.[197] Wie in Abbildung 16 erkennbar, besteht ein starker Zusammenhang zwischen der wirtschaftlichen Entwicklung und der Leasingquote. Dieser Zusammenhang verdeutlicht die hohe Nutzung von *operate lease* zur Flexibilisierung.[198] So reagierte die Leasingquote stark auf die konjunkturelle Flaute und sank von 2008 auf 2009 um 23% auf 14,4%-Punkte.

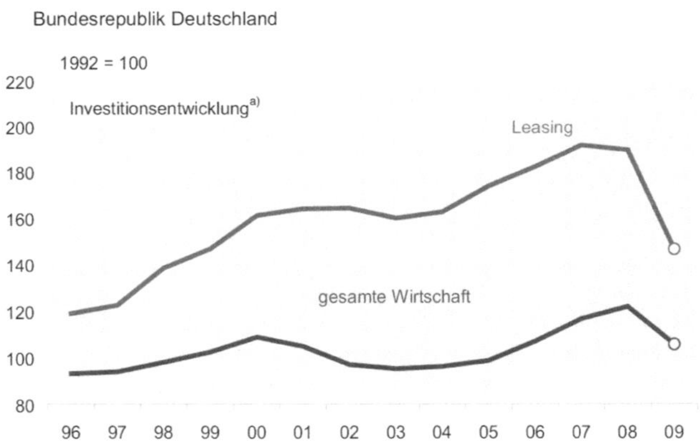

Abbildung 16: Leasingquote und wirtschaftliche Entwicklung[199]

---

[194] Vgl. o. V. (2009): IFRS-Standards 17 - Leasing
[195] Vgl. Ifo (2009), S.4: "Leasingquote [...] der Anteil der gesamten Leasinginvestitionen an den gesamtwirtschaftlichen Anlageinvestitionen"
[196] Vgl. Ifo (2009), S.1
[197] Vgl. hier und im Folgenden: Ifo (2009), S.8/10
[198] Gemäß o. V. (2009): IFRS-Standards 17 ist durch die langfristige, vertragliche Bindung bei einem finance lease von einer deutlich schwächeren Konjunkturabhängigkeit auszugehen.
[199] Ifo (2009), S.10

Festzuhalten ist, dass die Flexibilität des Gesamtunternehmens durch den Einsatz von Zeit- bzw. Leasingverträgen erhöht werden kann. Dies ist jedoch nur dann ohne erhebliche Mehrkosten zu realisieren, wenn der Kapazitätseigentümer die Auslastungsrisiken besser kontrollieren kann als der Dienstleistungsempfänger.[200] Damit ist für den langfristigen, wirtschaftlichen Erfolg von Zeit- bzw. Leasingverträgen die Risikominimierungsstrategie des Eigentümers relevant, welche sich auf zwei Grundlagen stützten kann:[201]

- Durch eine Auswahl an Kunden, welche auf unabhängigen bzw. negativ korrelierenden Absatzmärkten tätig ist, reduziert der Dienstleistungsanbieter seine Nachfrageschwankungen auf gesamtunternehmerischer Ebene. Damit kompensiert der Anbieter von Zeit- bzw. Leasingverträgen sein eigenes Auslastungsrisiko.
- Durch Nutzung des Wissensvorsprungs des Dienstleistungsanbieters wird die Kapazitätsanpassungsfähigkeit verbessert. Zu diesem Zweck wird bereits in der Fertigungsanlagenentwicklung bzw. bei der Mitarbeitereinstellung ein Fokus auf die breite Einsetzbarkeit der Kapazitätseinheit gelegt, welche die Marktattraktivität erhöht und damit das Auslastungsrisiko reduziert. Parallel dazu muss der Dienstleistungsanbieter eine Konzentration auf die marktnotwendigen Anpassungsfähigkeiten verfolgen, damit der Dienstleistungsempfänger die externe Kapazität (durch Umrüstung bzw. Weiterbildung) auf ein wettbewerbsfähiges Produktivitätsniveau bringen kann. Diesem Zielkonflikt der Kapazitätsbeschaffenheit angepasst zu begegnen, wird damit erfolgskritisch.

  Erschwerend kommt hinzu, dass der Dienstleistungsanbieter durch die räumliche Trennung vom Dienstleistungsempfänger in einer traditionellen Kunden-Lieferanten-Beziehung nicht die vollständigen Informationen der Kapazitätsnutzung erhält. Eine langfristige Kooperation mit unternehmensübergreifender Job-Rotation kann in diesem Zusammenhang entscheidend zur Kompetenzsteigerung des Dienstleistungsanbieters in Bezug auf die Kapazitätsentwicklung beitragen, ebenso wird damit die effiziente Nutzung der externen Kapazität beim Dienstleistungsempfänger verbessert.

Wenn der Dienstleistungsanbieter die Auslastungsrisiken erfolgreich minimiert, können Zeit- und Leasingverträge kostenneutral zu einer Flexibilitätssteigerung durch Kapazitätskostenvariabilisierung beitragen. Auf dieser Basis ist die dauerhafte Kostenentlas-

---

[200] Vgl. Wildemann, H. (2005), S.150
[201] Vgl. hier und im Folgenden: Wildemann, H. (2005), S.150

tung durch Vertragsbeendigung von Seiten des Dienstleistungsempfängers möglich. Das Einsparungspotential richtet sich dabei nach der bestehenden, unternehmensspezifischen Leasing- bzw. Zeitarbeiterquote. In Bezug auf die Sicherstellung einer kurzfristigen Abbaubarkeit der Kapazität kommt der Vertragsgestaltung eine hohe Bedeutung zu. Besonders bei extrem auslastungsriskanten Kapazitäten ist damit die Möglichkeit zu einer zeitnahen Vertragsbeendigung relevant.

5.3.3 Zeitguthaben und Kurzarbeit

Eine kurzfristig wirksame Möglichkeit, fixe Personalkosten von der Produktionsmenge zu entkoppeln ist die Nutzung von Zeitguthaben. Hierbei wird die vertraglich festgelegte Arbeitszeit bei Abweichung von der tatsächlichen Arbeitszeit erfasst, ein Ausgleich findet zeitversetzt statt.[202] Diese Maßnahme verfügt nur über eine begrenzte Reichweite, kann jedoch unternehmerischen Handlungsspielraum schaffen, bis längerfristige Maßnahmen, wie die Auflösung von Zeitarbeitsverträgen, wirksam werden. Der Einsatz von Zeitguthaben ist unkompliziert umzusetzen und lässt (in Krisenzeiten) sogar den Aufbau von negativem Zeitguthaben zu, welches bei zunehmender Nachfrage wieder kompensiert wird.[203] Mit der Reduzierung von Zeitguthaben geht auch die Auflösung von bilanziellen Rückstellungen einher, welche die Bilanz bei Überkapazität kurzfristig entlastet.[204]

Die Nutzung von Zeitguthaben kann nicht angeordnet werden, daher sind vertrauensbildende Maßnahmen für die Umsetzung bedeutend.[205] Hierfür ist zu beachten, dass die Arbeitszeitflexibilisierung sowohl für die Geschäftsführung als auch für die Mitarbeiter Freiheitsgrade beinhaltet. Eine einseitige Verteilung der "Herrschaft über die Zeit" zwischen Arbeitgeber und -nehmer wird die notwendige Akzeptanz des Modells schädigen.[206] Mit diesem Bewusstsein können Unternehmen durch Zeitguthaben kurzfristig Überstunden abbauen und damit für eine erhebliche Entlastung der Kostensituation sorgen.[207] Damit reduzieren sich die Herstellkosten, da in diesen keine zusätzlichen Leerkosten eingehen.[208] Auf die Liquidität hat die Nutzung von Zeitguthaben keinen Einfluss.

---

[202] Vgl. hier und im Folgenden: Gruber, B. W. (2009), S.55/56
[203] Vgl. Bleiber, R. (2009), S.53
[204] Vgl. Gruber, B. W. (2009), S.56
[205] Vgl. hier und im Folgenden: Wlecke, U. (2006), S.491
[206] Marr, R. & Elbe, M. & Kaduk, S. (2005), S.419
[207] Vgl. Bergauer, A. (2001), S.208
[208] Vgl. Bleiber, R. (2009b), S.91

Eine weitere Möglichkeit zur Variabilisierung von Lohnkosten bietet die staatlich geförderte Kurzarbeit, welche zu einer vorübergehenden Verminderung der Arbeitszeit und des Lohnes führt.[209] Die Arbeitnehmer beziehen in diesem Fall über die *Agentur für Arbeit* sogenanntes Kurzarbeitergeld, welches zwischen 60% und 67% der Nettoentgeltdifferenz beträgt. Auf diese Weise können Personalkosten reduziert werden, wenn die hierfür notwendigen, gesetzlichen Voraussetzungen erfüllt sind. So darf der Arbeitsausfall beispielsweise nicht durch branchen- oder betriebsübliche, saisonbedingte oder betriebsorganisatorische Gründe entstanden sein. Diese Maßnahme reduziert dauerhaft keine Produktionskapazitäten und steht nur zeitlich begrenzt zur Verfügung, die Vorteile sind eine temporäre Ertrags- und Liquiditätsverbesserung, welche eine Überbrückungsmöglichkeit für das Wirksamwerden weiterer Schritte eröffnet sowie alle Know-how-Träger im Unternehmen belässt.[210]

Aus diesen lang-, mittel- und kurzfristigen Maßnahmen zur Kapazitätsvariabilisierung ergeben sich Vorgehensweisen, um den Produktionsmengeneinfluss auf die Kostenentwicklung zu reduzieren. Damit entsteht das von GUTENBERG geforderte Kostenoptimum bei einem breiteren Auslastungsgrad.[211] Im Vergleich zu den Maßnahmen zur Überkapazitätsvermeidung, deren Aufrechterhaltung eine dauerhafte Aufgabe darstellt, können die Maßnahmen zur Kapazitätsvariabilisierung mehr als "Airbag" verstanden werden. Nach der einmaligen, für deren Nutzung unerlässlichen Initialisierung sind die beschriebenen Maßnahmen für das Unternehmen verfügbar und können bei Bedarf realisiert werden. Eine regelmäßige, ergebnisoffene Kontrolle ist dennoch wichtig, um deren Wirtschaftlichkeit sicherzustellen.

5.4 Maßnahmen zur Kapazitätsmobilisierung

Zur Steigerung der unternehmerischen Effizienz werden Produktionskapazitäten zunehmend spezialisiert.[212] Wird mit dieser Spezialisierung jedoch die Einsetzbarkeit der Kapazitäten reduziert, so führt dies langfristig zu einem steigenden Leerkostenrisiko. Dieses steht dem planmäßigen Effizienzgewinn durch Spezialisierung entgegen, da sich mit der Nicht-Auslastung einer Teilkapazität das unternehmerische Input/Output-Verhältnis verschlechtert. Aus diesem Grund beschreibt dieses Unterkapitel Maßnahmen zur Steigerung der Kapazitätsanpassung an dynamische Nachfragebedingungen.

---

[209] Vgl. hier und im Folgenden: Bleiber, R. (2009b), S.92
[210] Vgl. Bergauer, A. (2001), S.208
[211] Vgl. Gutenberg, E. (1962), S.258
[212] Siehe Kapitel 4.2 - Technische Anforderungen

Im Unterschied zum vorangegangenen Unterkapitel werden Auslastungsrisiken nicht verlagert, vielmehr wird durch die nachfolgenden Maßnahmen die unternehmenseigene Kompetenz der Risikobeherrschung verbessert.[213] Somit werden Produktionskapazitäten und damit Auslastungsrisiko im Unternehmen belassen, jedoch durch eine Erweiterung des möglichen Kapazitätseinsatzes reduziert. Dies steht dem Aufbau von Alleinstellungsmerkmalen nicht entgegen, vielmehr werden fixe, immobile Kosten in fixe, mobile Kosten umzuwandeln.[214] Dieser Zusammenhang lässt sich am Beispiel des fixkosten-intensiven Personenflugzeugs mit einer mehrsprachigen, anpassungsfähigen Crew verdeutlichen. Diese Kapazitätseinheit kann bei einer allgemeinen Nachfrage nach Langstreckenmobilität global flexibel eingesetzt werden. Mit Maßnahmen zur Steigerung der Kompetenzen und der Verantwortungsbereiche vollzieht sich eine Zunahme der allgemeinen Kapazitätseinsetzbarkeit, welche dadurch zusätzliche Alternativen schafft, dass weitere Nutzungsperspektiven erschlossen und ausgebaut werden.[215] Die Reichweite von Mobilisierungsmaßnahmen ist dabei erheblich von einer frühzeitigen Initiierung und Umsetzung abhängig.

5.4.1 Dezentralisierung

Durch die Einführung von eigenverantwortlichen Mitarbeiterteams, welche in Kombination mit Produktionsanlagen produkt- bzw. marktorientierte Leistungssegmente innerhalb eines Unternehmens bilden, kann die Anpassungsfähigkeit deutlich verbessert werden.[216] In dieser Dezentralisierung sieht BERGAUER eine notwendige Ablösung vom tayloristischen System und erkennt in der Zusammenführung von operativer Planung und Umsetzung eine wichtige Voraussetzung für die Schaffung von Flexibilität.[217] Auf dieser Basis kann *lean production* als eine Kombination aus Massen- und Werkstattfertigung verstanden werden, welche das Ausschöpfen von Kostenreduzierungspotential durch eine hohe Stückzahl mit einer hohen Anpassungs- und Reaktionsfähigkeit verbindet. Dies wird zum einen durch den Einsatz von flexiblen, automatisierten Produktionseinrichtungen erreicht, welche mehrere, sich ergänzende Einzelfunktionen selbstständig durchführen.[218] Mehrstufige Systeme kombinieren darüber hinaus mehrere dieser Produktionseinrichtungen zu einer Fertigungsstraße, welche von den Produkten durchlaufen wird. Durch die Möglichkeiten der Neukombination von Einzelelementen und dem Austausch einzel-

---

[213] Siehe Kapitel 5.2.3 - Kompetenzorientierte Risikosteuerung
[214] Vgl. hier und im Folgenden: Kaufer, E. (1984), S.16
[215] Vgl. hier und im Folgenden: Kaluza, B. & Blecker, T. (2005), S.9/10
[216] Vgl. Gienke, H. & Kämpf, R. (2007), S.181
[217] Vgl. hier und im Folgenden: Bergauer, A. (2001), S.192/193
[218] Vgl. hier und im Folgenden: Gienke, H. & Kämpf, R. (2007), S.69/70

ner Werkzeuge bzw. Fertigungsschritte wird eine hohe Einsatzmöglichkeit erreicht. Zum anderen wird mit dem Einsatz von autonomen, hierarchisch-flachen Leistungssegmenten, welche die Produktion eigenständig steuern und Zielvorgaben in Eigenverantwortung erfüllen, eine schnelle Anpassung bei Nachfrageänderungen durchführbar. Ein weiterer Vorteil liegt in der Koexistenz von mehreren, eigenständigen Produktionsteams, welche einheitliche Zielvorgaben parallel verfolgen. Damit ergibt sich neben der idealen Bedingung für unternehmensinternes *Benchmarking* ein breites Kompetenzspektrum, welches zusätzliches Potential für mögliche Lösungsansätze zur Kapazitätsanpassung erzeugt.[219]

Ein weiterführendes, zukünftiges Modell zur Dezentralisierung bietet das Konzept der *Fraktalen Fabrik*.[220] Dieses Produktionsmodell bildet autonome, dynamische Produktionseinheiten aus, welche sich anhand übergeordneter Unternehmensziele zusammenstellen, eventuell externe Ressourcen einbinden und sich selbstständig nach deren Zielerreichung wieder auflösen, um ein kundennahes, flexibles Unternehmensverhalten zu ermöglichen. Erfolgsentscheidende Kriterien für Dezentralisierungsmaßnahmen sind neben einer ausreichenden Mitarbeiterqualifikation, die dazu dient Selbstorganisation, Entscheidungsfindung und Koordination der Leistungssegmente sicherzustellen, eine hohe Prozessmobilität.[221]

5.4.2 Prozessmobilität

Mit einer verbesserten Wandlungsfähigkeit der Fertigungsprozesse ergibt sich eine weitere Möglichkeit zur Mobilisierung von Produktionskapazitäten. Im Allgemeinen sind Produktionskapazitäten die Basis für die Entstehung von unternehmerischen Prozessen, welche schließlich zu Produkten führen.[222] Ebenso wird jedoch die Kapazitätsbeschaffung bzw. -verwendung durch bestehende und zukünftige Prozesse beeinflusst.[223] Eine kontinuierliche Prozessoptimierung – auf der Basis einer schöpferischen Neukombination von Produktionskapazitäten – ist damit in der Lage, die Kapazitätsmobilität insgesamt zu erhöhen.

Die Quelle für prozessuale Wandlungsfähigkeit bildet dabei der *Organizational Slack*, ein organisatorisch gewünschter Ressourcenüberschuss, welcher über die operativ notwendige Soll-Kapazität hinausgeht und als gesamtunternehmerisches Potential zur Handlungserweiterung zu

---

[219] Vgl. Gienke, H. & Kämpf, R. (2007), S.181/182
[220] Vgl. hier und im Folgenden: Zahn, E. & Bullinger, H.J. & Gagsch, B. (2009), S.116
[221] Vgl. Bergauer, A. (2001), S.195
[222] Vgl. Fließ, S. (2009), S.248
[223] Vgl. hier und im Folgenden: Westkämper, E. & Balve, P. (2009), S.132/133

verstehen ist.[224] Das Gegenmodell hierzu bildet der sogenannte *Organizational Pressure*, welcher als eine Verknappung der Kapazitäten keine operativen Handlungsspielräume zulässt und damit die Prozessflexibilität reduziert. Kapazitätsüberschuss befähigt Unternehmen ohne das Risiko einer Lieferunfähigkeit Produktionskapazitäten zu rekonfigurieren.[225] Auf diese Weise können, besonders im Falle eines Nachfragerückgangs, krisenbedingt-verfügbare Zusatzkapazitäten eine Grundlage für eine erweiterte Kapazitätsmobilität darstellen. Hierfür ist jedoch in besonderem Maße eine hohe Mitarbeiterinitiative notwendig, welche wiederum eine hohe Mitarbeitermotivation und -qualifikation sowie die Abgabe von Gestaltungsverantwortung auf die operativ beteiligten Verantwortlichen voraussetzt.

5.4.3 Kompetenzerweiterung

Eine weitere Maßnahme zur Fixkostenmobilisierung sind Weiterbildungsmaßnahmen, welche zum einen die Kapazitätsmobilität erhöhen und zum anderen eine wichtige Voraussetzung für die Dezentralisierung und Prozessmobilität darstellen. Da Personalkosten den größten (fixen) Kostenblock im Unternehmen darstellen, ist die Sicherstellung der vielseitigen Einsetzbarkeit von Fertigungsmitarbeitern für die Flexibilitätssteigerung bedeutend. Grundsätzlich sind Mitarbeiter flexibler als Fertigungsanlagen, durch den Einsatz von dezentral organisierten und automatisierten, mehrstufigen Produktionseinrichtungen werden Mitarbeiter jedoch zunehmend zu einem erfolgsentscheidenden Kriterium für die Flexibilitätsgestaltung eines Unternehmens.

Der Einsatz interner bzw. externer Weiterbildung außerhalb des Arbeitsplatzes kann der Auslastung von Personalkapazitäten dienen, da Leerzeiten durch Trainingsmaßnahmen genutzt werden.[226] Die Wirkung dieser Maßnahme zur Kapazitätsauslastung wird jedoch dadurch limitiert, dass zielführende Weiterbildungen *off the job* sehr kostenintensiv sind. Aus der Flexibilitätsperspektive nimmt hierdurch besonders die strukturelle Flexibilität zu, indem notwendige Voraussetzungen für die langfristige Anpassung und Leistungssteigerung der Mitarbeiter gelegt werden: Die Einsatzvielfalt der Mitarbeiter wird erhöht, Abläufe können einfacher geändert werden und erworbene Mehrfachqualifikationen befähigen zu einem tiefgreifenden, arbeitsplatz-bezogenen Training.[227] Die Kompetenzerweiterung direkt am Arbeitsplatz (*on the job*) bietet hingegen Möglichkeiten die Mitarbeiter zum einen auf wettbewerbsfähigem Leistungsni-

---

[224] Vgl. hier und im Folgenden: Brehm, C. (2003), S.122/123
[225] Vgl. Zahn, E. & Bullinger, H.J. & Gagsch, B. (2009), S.117/118
[226] Vgl. hier und im Folgenden: Gruber, B. W. (2009), S.19/20
[227] Vgl. Bleiber, R. (2009a), S.69

veau zu halten und zum anderen deren situative Flexibilität zu verbessern, um kurzfristige Arbeitsanpassungen durchzuführen.[228]

Das Konzept des *Wandlungsfähigen Unternehmens* sieht die Mitarbeiter als entscheidendes Potential für unternehmerische Erneuerung, aus diesem Grund wird Mitarbeitermotivation und -beteiligung als wichtigste Maßnahme zur langfristigen Sicherstellung von Mitarbeitermobilität verstanden.[229] Dies geschieht durch den zielgerichteten Einsatz von Job-Rotation, Job-Enlargement und Job-Enrichment.[230] Erst mit einer starken Verzahnung der unterschiedlichen, individuellen Mitarbeiterkompetenzen und der Abgabe von Verantwortung an die einzelnen, dezentralisierten Fertigungseinheiten wird die Basis für den notwendigen fachlichen Austausch unter den Fertigungsmitarbeitern und die Transparenz über deren individuelle Fähigkeiten geschaffen. Daraus ergibt sich zum einen eine verbesserte Kooperation und eine gesteigerte, empfundene Wertschätzung, was die Motivation der Mitarbeiter und deren Einsatzbereitschaft erhöht und damit die Schaffung neuer Anpassungsansätze begünstigt. Zum anderen wird durch ein verbessertes Prozessverständnis und die Bündelung der individuellen Eignungen eine erhöhte Problemlösungskompetenz der Fertigungsmitarbeiter erzielt.

Durch den Einsatz der dargestellten Maßnahmen zur Kapazitätsmobilisierung können sowohl die Kapazitätsanlagen als auch die Fertigungsprozesse und -mitarbeiter spezifisch erhöht werden. Hierdurch werden Unternehmen in besonderem Maße dazu befähigt, ihre strukturelle Flexibilität anhand des unternehmensspezifischen Anpassungsbedarfs zu erhöhen bzw. die Anpassungsfähigkeit unternehmerischer Produktionskapazitäten auf ein einheitliches Level zu bringen. Ein besonderer Fokus liegt hierbei auf der Kompetenz- und Verantwortungserweiterung der Mitarbeiter, diese stellen in Kombination mit einer klaren Formulierung der unternehmerischen Zielsetzung durch die Geschäftsführung die Basis für die erfolgreiche Umsetzung von Dezentralisierungs- und Prozessoptimierungsmaßnahmen dar.

5.5 Maßnahmen zur Kapazitätsreduzierung

Die nachfolgenden Maßnahmen stellen eine finale Alternative dar, um das Flexibilitätsniveau eines Unternehmens zu erhöhen. Für den Fall, dass ein Leerkostenrisiko bei bestehenden Kapazitäten weder durch ein Betreibermodell mit verbesserter Risikoreduzierungs-Strategie

[228] Vgl. Kaufer, E. (1984), S.18
[229] Vgl. Zahn, E. & Bullinger, H.J. & Gagsch, B. (2009), S.116/117
[230] Vgl. hier und im Folgenden: Bergauer, A. (2001), S.194

(Variabilisierung) noch durch die Erweiterung der Einsetzbarkeit (Mobilisierung) zu senken ist, muss der Abbau der Kapazität als Option geprüft werden. Mit der Eliminierung von Produktionskapazitäten wird auch das unternehmerische Auslastungsrisiko gegenstandslos.

Die hier beschriebenen Flexibilisierungsmaßnahmen sind zum Teil mit dem dauerhaften Wegfall der Kapazität und mit erheblichen Kosten verbunden bzw. nur durch hohe Kosten rückgängig zu machen. Aus diesem Grund werden die Maßnahmen anhand deren Wirkung in zeitlich begrenzte, gemäßigte und massive Maßnahmen unterteilt. Zeitlich begrenzte Kapazitätsreduzierungen sind revidierbar, ihre Auswirkungen beziehen sich lediglich auf die Reduzierung von Produktivstunden der Kapazität. Dies geschieht beispielsweise durch einen Betriebsurlaub. Gemäßigte Kapazitätseingriffe haben eine dauerhafte Reduzierung der Anzahl an Kapazitätsfaktoren zur Folge, jedoch nur in geringem Umfang und ohne erhebliche Kosten. Im Personalbereich geschieht dies in der Regel im gegenseitigen Einverständnis, kann jedoch durch die Reduzierung von Austrittsbarrieren bewusst unterstützt werden, Beispiele hierfür sind Abfindungen oder Vorruhestandsregelungen. Die massiven Maßnahmen sind mit erheblichen Kosten bzw. Zahlungsmittelabflüssen verbunden, um Kapazitätseinheiten dauerhaft und in großem Maße zu reduzieren, klassische Beispiele sind Kündigungen und Desinvestitionen von Maschinen.

Diese Art der Differenzierung von Kapazitätsreduzierungsmaßnahmen impliziert die Notwendigkeit, das Ausmaß und die Nachhaltigkeit der Nachfrageänderung vor der Anwendung von Reduzierungsmaßnahmen eingehend zu analysieren. Besteht die Nachfragekrise nur temporär, während die Branchen- bzw. Marktentwicklung allgemein positive Werte aufweist, so stellt der Nachfragerückgang, neben der Anwendung temporärer Maßnahmen, sogar eine Option zur kostengünstigen Kapazitätserweiterung und Neupositionierung dar.[231] Deuten Prognosen jedoch auf nachhaltige, einschneidende Verschlechterungen der Nachfrage hin, so ist der temporäre Abbau von Kapazitäten nur für die bewusste, kurzfristige Verzögerung der Krise hilfreich, um im Anschluss langfristige Maßnahmen zu initiieren.[232] Für diese Maßnahmen ist die frühzeitige Schaffung von Transparenz entscheidend, um das Vertrauen der Stakeholder aufrecht zu erhalten.[233] Für die Bewältigung nachhaltiger Verschlechterungen der Nachfrage hat PORTER die sogenannte *Endspielstrategie* erarbeitet, welche je nach Attraktivität der Branche (Ausmaß des Nachfragerückgangs) und der eigenen, relativen Wettbewerbsposition verschiedene Bewäl-

---

[231] Vgl. o.V. (2009)
[232] Vgl. Porter, M. (1999), S.107
[233] Vgl. hier und im Folgenden: Wlecke, U. (2006), S.491

tigungsstrategien empfiehlt.[234] Besonders in unattraktiven Branchen oder bei einer schlechten Wettbewerbsposition sieht das Modell ein strategisches Vorgehen für einen schnellstmöglichen Abbau der immobilen Kapazitäten durch eine *Frühzeitige Liquidation* vor, da eine dauerhafte Effizienz andernfalls nicht sicherzustellen ist.

5.5.1 Zeitlich begrenzte Maßnahmen

Eine klassische Maßnahme zur temporären Kapazitätsreduzierung im Personalbereich ist der Betriebsurlaub. Durch einen Betriebs- bzw. Zwangsurlaub für die Fertigungsmitarbeiter werden die ohnehin notwendigen Kapazitätsstillstände, um Urlaubsansprüche zu gewähren, auf die Zeiten geringer Nachfrage gelegt.[235] Hierdurch können Überkapazität kurzzeitig kompensiert und Kosten für Urlaubsvertretungen gesenkt werden. Diese Maßnahme hat jedoch keinen Effekt auf die Liquidität und ist zeitlich stark begrenzt.[236]

Im Anlagenbereich sind mit der Stilllegung von Maschinen Kostenersparnisse zu erzielen, da die Maschinen durch ihre temporäre Nicht-Nutzung keiner technischen Abnutzung unterliegen und keine Instandhaltungskosten verursachen. Da jedoch sowohl die Kapitalbindung bestehen bleibt als auch technische Neuerungen eine stillgelegte Maschine langfristig unwirtschaftlicher machen, ist diese Maßnahme nicht dauerhaft zielführend für eine tatsächliche Kostensenkung.[237]

5.5.2 Gemäßigte Maßnahmen

Eine dauerhafte Reduzierung der Mitarbeiterkapazitätskosten lässt sich nicht nur durch eine Reduzierung der Mitarbeiteranzahl in gegenseitigem Einverständnis (Fluktuation), sondern auch durch eine Minderung der Lohnkosten bzw. Zusatzleistungen erreichen. Letzteres kann durch eine Arbeitszeitverkürzung mit einer Herabsetzung der Wochenarbeitszeit erreicht werden. Mit der Vereinbarung zwischen Arbeitgeber und -nehmer, die Arbeitszeit und das Arbeitsentgelt zu verringern (*Teilzeitähnliche Vollbeschäftigung*), senkt das Unternehmen seine Lohnkosten und Zahlungsmittelabflüsse ohne Know-how-Verlust.[238] Hierfür ist jedoch die Einwilligung der Mitarbeiter notwendig, was häufig zu individuellen Lösungen führt und weder kurzfristig realisierbar ist, noch ein erhebliches Kostensenkungspotential bietet.

---

[234] Vgl. hier und im Folgenden: Porter, M. (1983), S.318ff.
[235] Vgl. hier und im Folgenden: Bleiber, R. (2009), S.53
[236] Vgl. Bleiber, R. (2009b), S.96/97
[237] Siehe Kapitel 4.3 - Wirtschaftliche Anforderungen
[238] Vgl. hier und im Folgenden: Gruber, B. W. (2009), S.73/74

Eine Verringerung der Mitarbeiteransprüche führt ebenfalls zu einer Ertrags- und Liquiditätsverbesserung, macht das Unternehmen für Arbeitnehmer jedoch weniger attraktiv.[239] Daher ist eine erneute Anpassung der Zusatzleistungen bei positiver Unternehmensentwicklung notwendig, um langfristig den Zugang zu kompetenten Mitarbeitern aufrecht zu erhalten. Die Reduzierung von flexiblen Gehaltsbestandteilen ist mitunter mitarbeitermitbestimmungspflichtig, deshalb ist eine frühzeitige Organisation der vertraglichen Anpassungen nötig.[240]

Um die Anzahl der Fertigungsmitarbeiter zu verringern, zielen gemäßigte Maßnahmen auf eine Erhöhung der Mitarbeiterfluktuation ab. Zu diesen Maßnahmen gehört die vorsätzliche Minderung der Austrittsbarrieren für Mitarbeiter, die durch Vorruhestandsregelungen und Abfindungen begünstigt, jedoch auch durch Maßnahmen zur Senkung von Zusatzleistungen unterstützt wird. Die Gefahr dieser Maßnahme liegt im Verlust von leistungsfähigen Know-how-Trägern, welche bei entsprechender Marktlage zu anderen Wettbewerbern wechseln. Mit der Fluktuation gehen direkte Ertragsverbesserungen einher, falls jedoch Abfindungen zum Einsatz kommen, so sind die Maßnahmen zumindest teilweise mit einem einmaligen Liquiditätsabfluss verbunden.

Im Bereich der Fertigungsanlagen führt der Einsatz von Leasingmodellen zu einer Reduzierung des Anlagevermögens.[241] Durch eine *Sale-and-lease-back*-Entscheidung wird eine einmalige Verbesserung der Liquidität erreicht. Im Unterschied zur Variabilisierung der Fertigungskapazitäten führt im Fall der Zahlungsmittelbetrachtung sowohl das *finance lease* als auch das *operate lease* zur Liquiditätserhöhung.[242] Neben einer Optimierung des betriebsnotwendigen Vermögens ergibt sich hieraus die Möglichkeit, stille Reserven zu mobilisieren.[243] Die Schwachstelle eines *finance lease* liegt in einer langfristigen Abhängigkeit vom Vertragspartner. Demzufolge sollte diese Entscheidung nicht allein aus Finanzierungsaspekten, sondern ebenso anhand der Betrachtung des Betreibermodells und der Vertragsbedingungen getroffen werden.

5.5.3 Massive Maßnahmen

Im Bereich der Fertigungsmitarbeiter ist die (Massen-)Entlassung eine radikale Möglichkeit, um Lohnkosten erheblich zu reduzieren. Diese Maßnahme ist erst sinnvoll, wenn die Fertigungs-

---

[239] Vgl. hier und im Folgenden: Gruber, B. W. (2009), S.130/131
[240] Vgl. Bleiber, R. (2009b), S. 97
[241] Vgl. Seefelder, G. (2007), S.232
[242] Siehe Kapitel 5.3.2 - Zeit- und Leasingverträge
[243] Vgl. Bergauer, A. (2001), S.217

mitarbeiter dauerhaft keiner Beschäftigung zugeführt werden können.[244] Entlassungen bieten ein weitreichendes Potential für Ertragsverbesserung, sind jedoch durch arbeitsrechtliche Vorgaben stark begrenzt.[245] Darüber hinaus verursacht diese Maßnahme hohe einmalige Auszahlungen, beispielweise für das Abgelten von Zeitarbeitsguthaben, Urlaubsersatzleistungen, Sozialpläne und eventuelle Prozesskosten, auch eine nachhaltige Imageschädigung ist zu beachten.[246] Damit sind Entlassungen weit im Voraus zu kommunizieren und zu organisieren oder sie gestalten sich aufgrund des Arbeitsrechtes, welches den Arbeitnehmern erhebliche Rechte zusichert, langwierig und sind für die Unternehmen mit Unsicherheiten verbunden. Eine andere Möglichkeit zur Lohnkürzung bietet die Änderungskündigung, in welcher die Zustimmung des Mitarbeiters zu einem geringeren Arbeitslohn durch die Aufhebung des bisherigen Arbeitsvertrages erreicht wird.[247] Die Aufhebung des Arbeitsverhältnisses ist hierbei nicht Ziel der Maßnahme, da dem Mitarbeiter ein Folgearbeitsverhältnis mit geringerer Vergütung angeboten wird.

Eine unmittelbare Reduzierung der unternehmenseigenen Produktionsanlagen wird durch die Einzelmaßnahme der Desinvestition erreicht. Die Veräußerung von Maschinen bietet die Möglichkeit zur Innenfinanzierung.[248] Liegt der Verkaufserlös für die Anlage unterhalb des bilanziellen Buchwertes, so wird ein sonstiger, betrieblicher Aufwand verursacht, im Gegenzug werden Abschreibungs- und Instandhaltungskosten aufgehoben und es ergibt sich ein Liquiditätszufluss.

Die Summe der beschriebenen Einzelmaßnahmen der Unterkapitel 5.2 bis 5.5 stellt das unterschiedliche Wirkungspotential zur Flexibilisierung der Produktionskapazitäten dar: Während die Überkapazitätsvermeidung eine nur begrenzt einsetzbare, kostenunintensive Methode darstellt, liefern die massiven Maßnahmen der Kapazitätsreduzierung ein Potential, um Kapazitätseinheiten mittelfristig und dauerhaft in großer Zahl abzubauen. Die Betrachtung der Stärken und Schwächen der verschiedenen Einzelmaßnahmen verdeutlicht dabei, dass erst durch Kombination der verschiedenen Flexibilisierungsansätze die unternehmerische Fähigkeit entsteht, um

---

[244] Vgl. Gruber, B. W. (2009), S.143
[245] Vgl. Seefelder, G. (2007), S.238
[246] Vgl. Gruber, B. W. (2009), S.144; Bleiber, R. (2009b), S.99ff. für weiterführende Informationen
[247] Vgl. hier und im Folgenden: Gruber, B. W. (2009), S.144
[248] Siehe Kapitel 4.3 - Wirtschaftliche Anforderungen

die begrenzt zielführenden Einzelmaßnahmen derart zu kombinieren, dass eine positive Gesamtwirkung erzielt wird.

5.6 Kumulierte Auswirkung der Einzelmaßnahmen

Das letzte Unterkapitel zielt darauf ab, einen Überblick über die Kombinierbarkeit der beschriebenen Einzelmaßnahmen zu geben und deren kumulierte Auswirkung zu prognostizieren. Unter dieser Zielsetzung werden die Einzelmaßnahmen nachfolgend zusammengefasst und anhand deren Wirkungspotential, Kosten und Wirkungsdauer kategorisiert.

Die Tabellen in Abbildung 17 und 18 stellen alle in Kapitel fünf beschriebenen Maßnahmen zur Kapazitätsflexibilisierung zusammenfassend dar. Dabei sind die Einzelmaßnahmen anhand des zugehörigen Flexibilisierungsansatzes in der ersten Spalte gekennzeichnet. Die Aufstellung zeigt in der Spalte "Steigerung" das Wirkungspotential der Maßnahme, eine Markierung bedeutet, dass die Umsetzung der jeweiligen Einzelmaßnahme einen Einfluss auf die Reduzierung der Auszahlungen bzw. der Leerkosten hat und damit einer Liquiditäts- bzw. Ertragskrise des Unternehmens entgegenwirken kann. Besonderheiten bilden hierbei die Maßnahmen *Sale-and-lease-back* und *Desinvestitionen*, diese reduzieren nicht die Auszahlungen, sondern generieren stattdessen Einzahlungen. In der Spalte "Kosten" wird verdeutlicht, ob die Umsetzung der Maßnahme zu hohen, einmaligen Kosten führt, wodurch die Maßnahme nur in besonderen Fällen zu rechtfertigen ist.[249] Stetige Kosten implizieren dagegen, dass die Einzelmaßnahme erst nach deren Entwicklung für das Unternehmen zur Verfügung steht und konsequent weiterzuentwickeln ist. Im Bereich der Kapazitätsvariabilisierung sind die stetigen Kosten erheblich von der Risikobeherrschungsstrategie des Kapazitätseigentümers abhängig.

---

[249] Da die Maßnahme der *Fluktuation* stark von der spezifischen Umsetzung abhängig ist, sei für Details auf das Kapitel 5.5.2 verwiesen.

Einzelmaßnahmen zur Kapazitätsflexibilisierung			Steigerung		Kosten		Zeitlich
		Kapitel	Liquidität	Ertrag	einmalig	stetig	begrenzt
Überkapazitäts-vermeidung	Szenarioplanung	5.2.1		X		X	
	Frühwarnsysteme	5.2.2		X		X	
	Kompetenzorientierte Risikosteuerung	5.2.3		X		X	
Kapazitätsvariabilisierung	Insourcing	5.3.1	X	X		X	
	Leasingverträge	5.3.2	X	X		X	
	Zeitverträge	5.3.2	X	X		X	
	Zeitguthaben	5.3.3		X		X	X
	Kurzarbeit	5.3.3	X	X			X

Abbildung 17: Einzelmaßnahmen der Kapazitätsflexibilisierung I

Einzelmaßnahmen zur Kapazitätsflexibilisierung		Kapitel	Steigerung Liquidität	Steigerung Ertrag	Kosten einmalig	Kosten stetig	Zeitlich begrenzt
Kapazitätsmobilisierung	Dezentralisierung	5.4.1		X		X	
	Prozessmobilität	5.4.2		X		X	
	Kompetenzerweiterung	5.4.3		X		X	
Kapazitätsreduzierung	Betriebsurlaub	5.5.1		X			X
	Arbeitszeitreduzierung	5.5.1	X	X			X
	Anlagenstilllegung	5.5.1		X			X
	Minderung Zusatzleistungen	5.5.2	X	X			X
	Fluktuation erhöhen	5.5.2	X	X	X		
	Sale-and-lease-back	5.5.2	X				
	Entlassungen	5.5.3	X	X	X		
	Desinvestitionen	5.5.3	X	X	X		

Abbildung 18: Einzelmaßnahmen der Kapazitätsflexibilisierung II

Bestimmte Maßnahmen zur Kapazitätsflexibilisierung sind nur über einen begrenzten Zeitraum sinnvoll bzw. möglich und anschließend wieder aufzuheben. Diese Maßnahmen mit eingeschränkter Wirkungsdauer werden in der letzten Spalte als „zeitlich begrenzt“ eingestuft.

Die Analyse der Tabelle zeigt, dass alle dargestellten Maßnahmen über Schwachstellen verfügen, was die Konzentration der Kapazitätsflexibilisierung auf einzelne Maßnahmen nicht sinnvoll macht. Zum einen sind, wie in der Tabelle erkennbar, alle ertragssteigernden Maßnahmen entweder mit hohen einmaligen bzw. stetigen Kosten verbunden oder in ihrer Wirkung zeitlich begrenzt. Zum anderen verfügt eine Vielzahl der Maßnahmen lediglich über einen geringen Einfluss auf das Gesamtunternehmen oder beeinflusst nur eine Teilmenge der Produktionskapazitäten. Darüber hinaus führt die erhebliche Ausweitung einer einzelnen Maßnahme zu einer Kostenzunahme bei stetig abnehmendem Grenznutzen. Die Kombination mehrerer Maßnahmen steigert hingegen deren Wirkung wie beispielweise im Bereich der Kapazitätsmobilisierung, wo die Einzelmaßnahmen sich gegenseitig verstärken. Ebenfalls kann durch Maßnahmenverknüpfung eine kostenintensive Maßnahme durch eine Andere finanziert werden. Beispielsweise wird der Liquiditätsbedarf hoher Abfindungen durch den Verkaufserlös einer Desinvestition teilweise kompensiert.

Die *kurzfristigen Maßnahmen* (Kapazitätsreduzierung bzw. -variabilisierung) schaffen einen quantifizierbaren Nutzen und eine greifbare Reduzierung der Ausgaben. Damit können Unternehmen schnell und direkt auf Krisen reagieren und deren Symptomen entgegenwirken. Die kurzfristigen Maßnahmen begünstigen damit die unternehmerische Reaktionsfähigkeit im Sinne einer situativen Flexibilität und bilden gleichzeitig den Handlungsspielraum für tiefgreifende, langfristige Maßnahmen.

Im Gegenzug sind *langfristige Maßnahmen* (Kapazitätsmobilisierung bzw. -vermeidung) eher abstrakt und dienen nicht der direkten, temporären Liquiditätsverbesserung. Dagegen befähigen besonders diese Maßnahmen durch die Verbesserung der strukturellen Flexibilität ein Unternehmen dazu, ferne und schwerwiegende Nachfragerückgänge zu erkennen und darauf zu reagieren. Tiefgreifende unternehmerische Herausforderungen alleine durch den Einsatz kurzfristiger Flexibilitätsmaßnahmen zu kompensieren, wird mit voranschreitender Umweltveränderung zunehmend unmöglich. Damit leitet sich die Daseinsberechtigung der langfristigen Maßnahmen aus ihrer Fähigkeit ab, Unternehmen zu einem aktiven Anpassungsprozess durch den Aufbau und die Realisierung einer neuen, strategischen Ausrichtung zu befähigen. Aus der Notwendigkeit, auf situative Umweltveränderungen mit kurzfristigen "Airbags" zu reagieren, wie auch das Unternehmen langfristig neu auszurichten ergibt sich die Erfordernis kurz- und langfristige Maßnahmen zu kombinieren, um die entsprechende Reaktionsfähigkeit zu erreichen.

In Bezug auf die internen und externen Maßnahmen besteht eine ähnliche Notwendigkeit zur Kombination wie bei den kurz- und langfristigen Ansatzpunkten: Die Relevanz *interner Maßnahmen* (Kapazitätsmobilisierung bzw. -reduzierung) ergibt sich aus der Notwendigkeit, das Auslastungsrisiko eigener Kapazitäten an ein vielseitiges, komplexes Umfeld anzupassen.[250] Das Unternehmen bedarf einer kontinuierlichen Wandlungsfähigkeit, um seine internen Ressourcen zu entwickeln, zu rekonfigurieren und abzubauen.[251] In Anlehnung an die *Economy of Competence* behalten die Produktionskapazitäten durch interne Kapazitätssteuerung ihre Wettbewerbsfähigkeit bei bzw. können diese bei Marktveränderungen weiterentwickeln.

Gesamtheitliche Kapazitätsflexibilisierung ist allerdings erst durch die Integration von *externen Maßnahmen* möglich, die durch den Einbezug externer Experten und die Betrachtung der gesamtwirtschaftlichen Zukunftsentwicklungen weitere Ansatzpunkte liefern. Dies zeigt sich beispielweise an der Geschäftsentwicklung des Automobilherstellers Toyota während der Wirtschaftskrise 2008/09. Trotz einer konsequenten Verfolgung des *Toyota Produktionssystems*, welches durch einen Fokus auf Mitarbeiterweiterbildung und Prozessverschlankung eine hohe Kapazitätsmobilität hergestellt hatte, war das Unternehmen durch den Umsatzrückgang von starken Gewinneinbußen getroffen.[252] Der Einbezug zusätzlicher, unternehmerischer Flexibilität durch externes Leistungspotential hätte die Verluste mutmaßlich reduzieren können. So bieten externe Kapazitäten die Basis einer verbesserten Reaktionsmöglichkeit bei Umsatzeinbußen.[253] Das Ausmaß dieser externen Flexibilität beruht wiederum maßgeblich auf den Prognosen über die wirtschaftliche Entwicklung.

Durch die Unterschiedlichkeit der vier verschiedenen Ansätze zur Kapazitätsflexibilisierung ergibt sich die Notwendigkeit, diese zu kombinieren. Erst durch das Zusammenwirken der vier Ansätze gelingt die Abdeckung des gesamten Anforderungssystems, wie in Abbildung 18 grafisch dargestellt. Damit ergibt sich auf Basis der oben dargestellten, theoretischen Herleitung die Notwendigkeit für *Ganzheitliches Kapazitätsmanagement.* Erst der Einbezug von allen vier erarbeiteten Flexibilisierungsmaßnahmen ermöglicht es, den unterschiedlichen Anforderungs-

---

[250] Vgl. Kaluza, B. & Blecker, T. (2005), S.13
[251] Vgl. hier und im Folgenden: Zahn, E. & Nowak, M. & Schön, M. (2005), S.72
[252] Vgl. o.V. (2008): "Wie Toyota-Chef Katsuaki Watanabe am Montag bekanntgab, dürfte im Konzern für das bis Ende März laufende Geschäftsjahr operativ ein Fehlbetrag von 150 Milliarden Yen (1,2 Mrd. Euro) anfallen."
[253] Vgl. Corsten, H. & Gössinger, R. (2005), S.107ff.

ebenen zu begegnen. Für eine tiefergehende Analyse der Hypothese wird nachfolgend die Summe der Einzelmaßnahmen in Bezug auf deren Konformität zum theoretischen Modell in Abbildung 19 betrachtet, welches bereits in Kapitel 5.1 aufgebaut wurde.

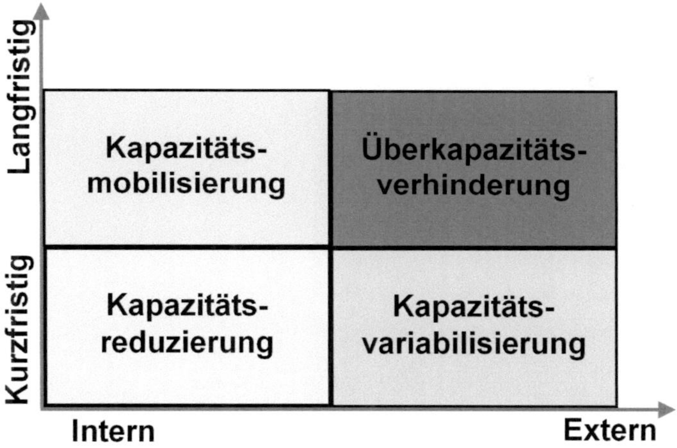

Abbildung 19: Theoretischer Aufbau der Kapazitätsflexibilisierung

Den Abschluss des fünften Kapitels bildet die Kombination dieses theoretischen Modells mit den konkreten Einzelmaßnahmen (Abbildung 17 und 18). Graphisch ergibt sich daraus eine Zusammenfassung, welche alle Einzelmaßnahmen anhand dem Bezugsrahmen intern/extern und kurz-/langfristig anordnet. Die Kriterien der Einordnung (Achsenskalierung) sind sowohl mit Abbildung 19 als auch mit den Ebenen des Anforderungssystems, welches in Kapitel vier ermittelt wurde, identisch. Die Anordnung der Einzelmaßnahmen in der nachfolgenden Abbildung 20 ergibt sich unabhängig von dem erarbeiteten, theoretischen Konzept und stellt damit eine erweiterte Untersuchung der Hypothese dar.

Die Einordnung erfolgt auf der Grundlage der detaillierten Beschreibung der Maßnahmen. Daraus leitet sich deren individuelle Bewertung in Bezug auf die Abhängigkeit bzw. den Einbezug von externen Faktoren und deren Dauer bis zur Umsetzbarkeit bzw. Wirksamkeit ab, welche deren Positionierung im Verhältnis zu den anderen Maßnahmen festlegt. Die Zuordnung der Einzelmaßnahmen in die vier Ansätze der Kapazitätsflexibilisierung deckt sich mit der Tabelle in Abbildung 18. Die folgende Darstellung zielt auf eine möglichst realitätsnahe Anordnung der Einzelmaßnahmen ab und ergibt sich, völlig unabhängig des theoretischen Modells in Kapitel vier, ausschließlich auf Grundlage der vorangegangenen Unterkapitel 5.2 bis 5.5.

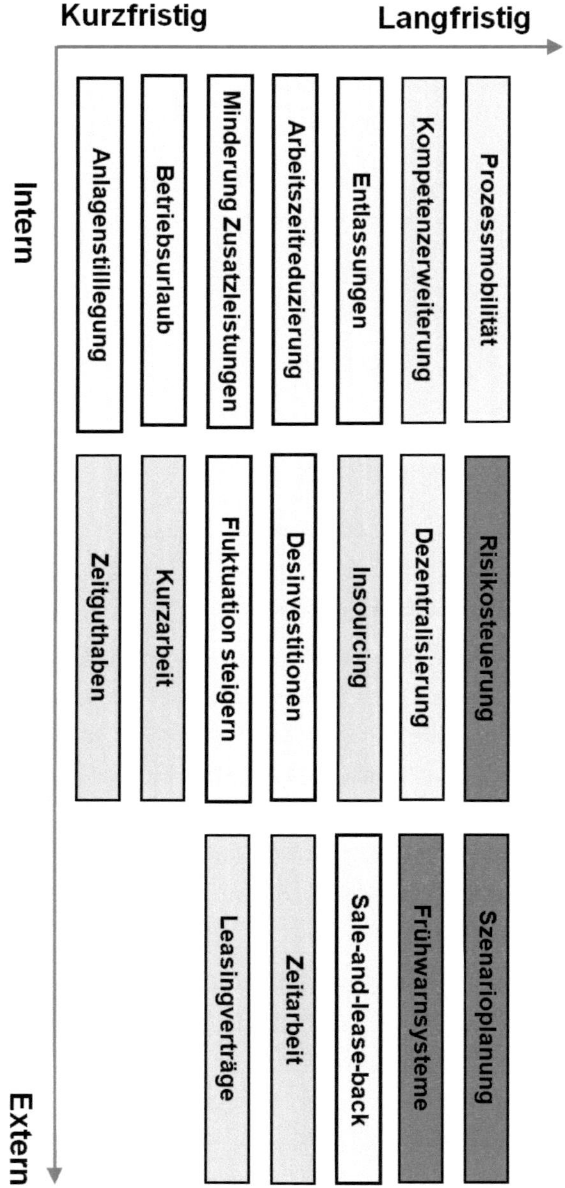

Abbildung 20: Gesamtwirkung der Einzelmaßnahmen

Der Autor ist sich bewusst, dass die dargestellte Einteilung nur anhand von Vereinfachungen erfolgen kann. Daher soll an dieser Stelle eine kurze Begründung zur Einordnung der Einzelmaßnahmen vorgenommen werden, sofern sich eine Positionierung nicht ausreichend aus der vorangegangenen Beschreibung nachvollziehen lässt. Da externe Maßnahmen der Kapazitätsvariabilisierung einer Abstimmung mit Dritten bedürfen, sind diese nicht kurzfristig umzusetzen. Die *Kompetenzorientierte Risikosteuerung* steuert die internen Kapazitäten, der Risiko- und Kompetenzabgleich steht jedoch in Bezug zu externen Wettbewerbern. Moderne Formen der *Dezentralisierung* vollziehen sich über Unternehmensgrenzen hinweg, da bei Kostenvorteilen auch externe Ressourcen in die Leistungserbringung der eigenverantwortlichen Unternehmenseinheiten integriert werden (*Fraktale Fabrik*).[254]

Unter diesen getroffenen Annahmen zeigt sich, dass das Schaubild einen klaren Zusammenhang zwischen der theoretischen Herleitung der Kapazitätsansätze und der Anordnung von konkreten Einzelmaßnahmen herstellt. Die Einzelmaßnahmen fügen sich in ihrer Anordnung (Abbildung 20) nahezu vollständig in die hypothetische Beschreibung der Ansatzpunkte (Abbildung 19) ein, welche in Kapitel vier ohne den Einbezug von konkreten Maßnahmen der Kapazitätsbeeinflussung aus der Theorie hergeleitet wurden. Diese Zuordnung verdeutlicht, inwieweit sich die praxisbezogene Anordnung mit dem idealtypischen Muster deckt. Abbildung 20 veranschaulicht deutlich, dass bereits die Vernachlässigung von einem der vier Kapazitätsflexibilisierungsansätze die Anpassungsfähigkeit eines Unternehmens deutlich einschränkt, da in diesem Fall für die Beeinflussung von mindestens einer Anforderungsebene keine konkreten Handlungsoptionen verfügbar sind. Erst durch eine strategische Kombination auf Basis eines umfassenden Flexibilisierungsansatzes von internen, externen, kurz- und langfristigen Einzelmaßnahmen ist ein Unternehmen in der Lage Herausforderungen auf den unterschiedlichen Flexibilisierungsebenen angepasst zu begegnen.

---

[254] Vgl. Zahn, E. & Bullinger, H.J. & Gagsch, B. (2009), S.116

6 Fazit und Ausblick

When there is no difference, there is only indifference. (Louis Nizer)

Die Arbeit *Ganzheitliches Kapazitätsmanagement – Strategischer Ansatz zur Flexibilisierung von Produktionskapazitäten* erläutert auf der Basis theoretischer Grundlagen die Relevanz von Kapazitätsflexibilität und leitet hieraus Anforderungen und Umsetzungsmöglichkeiten an das unternehmerische Kapazitätsmanagement ab. Um dem Zielkonflikt der fixkostenintensiven Kapazitäten, wie von SCHMALENBACH beschrieben, angemessen zu begegnen, wurde der ganzheitlichen Betrachtung eine hohe Bedeutung beigemessen. Mit dieser Zielsetzung erfolgte eine Untersuchung der Arbeitshypothese: "*Erst durch den Einbezug unternehmensspezifischer interner und umfassender externer Zusammenhänge ist ganzheitliches Kapazitätsmanagement möglich.*"

Zu diesem Zweck wurden verschiedene Flexibilitätsebenen dargestellt und die Nutzenstiftung von Kapazitätsflexibilität beschrieben. Aus der Tatsache, dass die nutzenstiftenden Einflussfaktoren in direktem Zusammenhang mit der individuellen, unternehmerischen Zielsetzung stehen, leitet sich die Notwendigkeit für eine spezifische, interne Analyse des Unternehmens ab. Erst die Ermittlung des unternehmensindividuellen Flexibilitätsbedarfs im Verhältnis zum Wettbewerbsumfeld ergibt die Basis für Kapazitätsflexibilisierungsmaßnahmen.

Für die Erarbeitung von Flexibilisierungsansätzen wurden gesellschaftliche, technische, wirtschaftliche und strukturelle Ursachen von Überkapazität dahingehend analysiert, welche unterschiedlichen Anforderungen für die Anpassung von Produktionskapazitäten bestehen. Demnach sind Maßnahmen des Kapazitätsmanagements sowohl auf eine kurz- als auch auf eine langfristige Anpassung auszurichten, darüber hinaus ist der Einbezug von externen Ressourcen und Perspektiven notwendig, um die internen Produktionskapazitäten anzupassen. Erst eine umfassende Analyse der Umweltbedingungen eines Unternehmens befähigt dazu, Überkapazität nachhaltig zu verhindern.

Darauf aufbauend entwickelt die Arbeit durch eine Erweiterung der unternehmerischen Lernbereitschaft sowie der Wandlungs- und Innovationsfähigkeit vier Flexibilisierungsmaßnahmen, um dem Anforderungssystem des Kapazitätsmanagements angemessen zu begegnen. Die Kapazitätsflexibilisierung ergibt sich durch Maßnahmen zur Vermeidung von Überkapazität, der

Variabilisierung und Mobilisierung von Kapazitäten und der angepassten Kapazitätsreduzierung.

Die Untersuchung erarbeitet hieraus konkrete Einzelmaßnahmen deren Strukturierung verdeutlicht, dass der Einsatz von einzelnen Flexibilisierungsmaßnahmen nicht ausreicht, um allen Anforderungsebenen gerecht zu werden. Vielmehr ermöglicht erst die entsprechende Kombination verschiedener Einzelmaßnahmen auf der Grundlage aller Flexibilisierungsansätze das erforderliche Einflusspotential, um den Ursachen von Überkapazität auf allen Ebenen gerecht zu werden.

Aufgrund dieser Ergebnisse hat sich die Arbeitshypothese unter den gegebenen Voraussetzungen bewährt. Die theoretischen Überprüfungen legen dar, dass die Kapazitätssteuerung eine unternehmensspezifische Betrachtung der Kostenstruktur und der Wettbewerbspositionierung erfordert, um geeignete Flexibilisierungsansätze auszuwählen. Darüber hinaus ermöglicht erst eine umfassende Umweltanalyse des unternehmerischen Bezugssystems, dass die vielseitigen Überkapazitätsursachen in die Kapazitätssteuerung einbezogen werden können. Zuletzt befähigt allein die Kombination der vier unterschiedlichen Flexibilisierungsmaßnahmen ein Unternehmen dazu, die Flexibilität der Produktionskapazitäten hinreichend zu beeinflussen, um diese im Sinne der gesamtunternehmerischen Strategie auszurichten. Dies entspricht der Zielsetzung des *Ganzheitlichen Kapazitätsmanagement* und erfordert somit eine tiefgehende Analyse der internen und externen Zusammenhänge.

Eine quantitative Untersuchung der Hypothese im Rahmen einer unternehmensspezifischen Anwendung bleibt die vorliegende Untersuchung schuldig. Hierfür ist eine weitere Spezifizierung des Ansatzes des *Ganzheitlichen Kapazitätsmanagement* auf eine konkrete Produkt- und Branchenebene notwendig. Die Praxisrelevanz dieses Ansatzes wird sich erst mit einer quantitativen Erfassung der langfristigen Kostenvorteile einer Fixkostenbeherrschung durch *Ganzheitliches Kapazitätsmanagement* und der Befähigung zur *Partiellen Emanzipation* zeigen. Zur Konzeption und Durchführung einer solchen empirischen Studie empfiehlt sich der Einbezug der *System-Dynamics*-Methode, um potentielle Entwicklungen zu prognostizieren.

Zudem sind die Ergebnisse der vorliegenden Arbeit in Bezug auf deren Übertragbarkeit auf Konzernebene zu untersuchen. Dies ist von Belang, da eine Holding-Organisation über zusätzliche Flexibilisierungsmaßnahmen verfügt, aber zugleich konzerninternen Flexibilitätsherausforderungen unterliegt.

Darüber hinaus liefert die Untersuchung Ansatzpunkte, um den Nutzenbeitrag der bestehenden *Kapazitätskostenrechnung* nach MAYER durch die Integration des hier beschriebenen Vorgehens zu verbessern. Das System der *Kapazitätskostenrechnung* ist hierdurch um zusätzliche Aspekte erweiterbar und wird befähigt, aus der ohnehin durchgeführten Bewertung, welche Kapazitätseinheiten mittelfristig keiner Nachfrage zuzuführen sind, direkte Maßnahmen zur Kapazitätsflexibilisierung ableiten. Die *Kapazitätskostenrechnung* überprüft Kapazitäten auf deren Abbaubarkeit, das *Ganzheitliche Kapazitätsmanagement* bietet hingegen eine Vorgehensweise, diese Abbaubarkeit von Kapazitätseinheiten bewusst zu gestalten und damit den Handlungsspielraum der *Kapazitätskostenrechnung* zu erweitern.

Der Ansatz des *Ganzheitlichen Kapazitätsmanagement* stellt ein umfassendes Modell zur Flexibilitätssteuerung von Produktionskapazitäten dar. Der Mehrwert der Arbeit ergibt sich aus der holistischen Betrachtung der Kapazitäten und der Strukturierung bestehender Einzelmaßnahmen zur Kapazitätsflexibilisierung. Damit stellt der vorliegende Ansatz eine systematische Methode vor, um Produktionskapazitäten in Bezug auf die gesamtunternehmerische Zielsetzung auf ein kostenoptimales Flexibilitätsniveau zu bringen.

Literaturverzeichnis

Ackermann, K. & Bahner, J. (2009): *Mitarbeiterorientierte Unternehmensführung* In: Bullinger, H.J. & Spath, D. & Warnecke, H.J. & Westkämper, E. (Hrsg.): Handbuch Unternehmensorganisation, dritte Auflage, Springer Berlin Heidelberg, S. 197-212.

Arzt, T. & Mayer-Galow, E. (2009): "Modernste Simulationstechnologien zur Navigation im Zeitalter der globalen Finanz- und Wirtschaftskrise" in *IPL-Magazin - Institut für Produktionsmanagement und Logistik*, 8. Ausgabe, Juli 2009.

Bartels, W. (1984): *Strukturbedingte Kapazitätsanpassung* In: Funk, J. & Hax, H. & Potthoff, E. (Hrsg.): Kapazitätsrisiken und Unternehmenspolitik, Handelsblatt GmbH, Düsseldorf, S.32-64.

Bergauer, A. (2001): *Erfolgreiches Krisenmanagement in der Unternehmung*, Erich Schmidt Verlag, Berlin.

Blatz, M. & Haghani, S. (2006): *Innovative Wege und Konzepte zur Krisenbewältigung - Eine aktuelle Bestandsaufnahme* In: Hutzschenreuter, T. & Griess-Nega, T. (Hrsg.): Krisenmanagement - Grundlagen - Strategien - Instrumente, Gabler, Wiesbaden, S.301-322.

Bleiber, R. (2009): *Einsparpotentiale ausschöpfen und Kosten senken: Kurzfristig auf die Krise reagieren!* In: Gleich, R. & Klein, A. (Hrsg.): Der Controllingberater: Kostenmanagement in Krisenzeiten, Rudolf Haufe Verlag, Freiburg i. Br., S.39-54.

Bleiber, R. (2009a): *Mittelfristige Einsparpotentiale im Unternehmen: Die Krise für die Zukunft nutzen!* In: Gleich, R. & Klein, A. (Hrsg.): Der Controllingberater: Kostenmanagement in Krisenzeiten, Rudolf Haufe Verlag, Freiburg i. Br., S.55-70.

Bleiber, R. (2009b): *Kostensenkungsmaßnahmen in Krisenzeiten im Personalbereich* In: Gleich, R. & Klein, A. (Hrsg.): Der Controllingberater: Kostenmanagement in Krisenzeiten, Rudolf Haufe Verlag, Freiburg i. Br., S.87-104.

Brehm, C. (2003): *Organisatorische Flexibilität in der Unternehmung: Bausteine eines erfolgreichen Wandels*, Gabler, Wiesbaden.

Brox, H. & Rüthers, B. & Henssler, M. (2007): *Arbeitsrecht*, 17. Auflage, Kohlhammer, Stuttgart.

Burmann, C. (2005): *Strategische Flexibilität und der Marktwert von Unternehmen* In: Kaluza, B. & Blecker, T. (Hrsg.): Erfolgsfaktor Flexibilität - Strategien und Konzepte für wandlungsfähige Unternehmen, Erich Schmidt Verlag, Berlin, S. 29-54.

Corsten, H. (2003): *Produktionswirtschaft*, zehnte Auflage, Oldenburg Wissenschaftsverlag, München.

Corsten, H. & Gössinger, R. (2005): *Flexibilitätsgestaltung in Dienstleistungsunternehmungen auf der Grundlage einer eigenschaftsorientierten Analyse* In: Kaluza, B. & Blecker, T. (Hrsg.): Erfolgsfaktor Flexibilität - Strategien und Konzepte für wandlungsfähige Unternehmen, Erich Schmidt Verlag, Berlin, S. 105-133.

Deutsche Bundesbank (2010): *Zeitreihe YAD244: Konjunkturbefragung-Kapazitätsauslastung in der verarb. Ind. Deutschland)*, Internetquelle vom 21.04.2010: http://www.bundesbank.de /statistik/statistik_zeitreihen.php

DGB Bundesvorstand Bereich Arbeitsmarktpolitik (2009): *Leiharbeit in Deutschland - Fünf Jahre nach der Deregulierung*, Internetquelle vom 21.06.2010: http://www.dgb.de

Engelbrecht, C. (2004): *Logistikoptimierung durch Outsourcing: Erfolgswirkung und Erfolgsfaktoren,* Gabler, Wiesbaden.

Faulhaber, P. & Landwehr, N. (2005): *Turnaround-Management in der Praxis*, dritte Auflage, Campus, Frankfurt.

Fließ, S. (2009*): Dienstleistungsmanagement*, Gabler, Wiesbaden.

Funk, J. (1984): *Kapazitätsrisiken und Unternehmenspolitik - Einführung in den Problemkreis* In: Funk, J. & Hax, H. & Potthoff, E. (Hrsg.): Kapazitätsrisiken und Unternehmenspolitik, Handelsblatt GmbH, Düsseldorf, S.5-11.

Gadatsch, A. & Mayer, E. (2006):*Masterkurs IT-controlling*, dritte Auflage, Vieweg +Teubner.

Gausemeier, J. & Pfänder, T. (2009): *Strategische Unternehmensführung mit Szenario-Management* In: Bullinger, H.J. & Spath, D. & Warnecke, H.J. & Westkämper, E. (Hrsg.): Handbuch Unternehmensorganisation, dritte Auflage, Springer Berlin Heidelberg, S. 140-149.

Gienke, H. & Kämpf, R. (2007): *Handbuch Produktion*, Carl Hanser Verlag, München.

Griess-Nega, T. (2006): *Krisenmanagement in der Liquiditätskrise* In: Hutzschenreuter, T. & Griess-Nega, T. (Hrsg.): Krisenmanagement - Grundlagen - Strategien - Instrumente, Gabler, Wiesbaden, S.279-300.

Gruber, B. W. (2009): *Von Kurzarbeit bis Personalabbau - Personalmaßnahmen zur Krisenbewältigung*. LexisNexisVerlag, Wien.

Grummitt, A. (2009): *Capacity Management*, Van Haren.

Gutenberg, E. (1962): *Grundlagen der Betriebswirtschaftslehre - Erster Band Die Produktion*, siebte Auflage, Springer, Berlin/Göttingen/Heidelberg.

Hammer, R. (1998): *Strategische Planung und Früherkennung*, 3. Auflage, Oldenburg, München.

Hax, H. (1984): *Überkapazitäten als betriebswirtschaftliches Problem* In: Funk, J. & Hax, H. & Potthoff, E. (Hrsg.): Kapazitätsrisiken und Unternehmenspolitik, Handelsblatt GmbH, Düsseldorf, S.22-31.

Horváth, P. (2009): *Erneuerung des Controllings* In: Bullinger, H.J. & Spath, D. & Warnecke, H.J. & Westkämper, E. (Hrsg.): Handbuch Unternehmensorganisation, dritte Auflage, Springer, Berlin/Heidelberg, S. 949-956.

Houtman, J. (2005): *Reservierung von Kapazitäten*, Deutscher Universitäts-Verlag, Wiesbaden.

ifo (2009): *Einbrechende Investitionen und der Gesetzgeber bremsen das Leasing*, Sonderdruck ifo Schnelldienst Nr.24. Internetquelle vom 21.04.2010: http://www.leasing-verband.de/download/presse/publikationen/pdf/sonderdruck-24-bdl_neu.pdf

Jodlbauer, H. (2007): *Produktionsoptimierung: Wertschaffende sowie kundenorientierte Planung und Steuerung*, Springer, Wien.

Jung, H. (2006): *Allgemeine Betriebswirtschaftslehre*, zehnte Auflage, Oldenburg, München.

Kaluza, B. & Blecker, T. (2005): *Flexibilität - State of the Art und Entwicklungstrends* In: Kaluza, B. & Blecker, T. (Hrsg.): Erfolgsfaktor Flexibilität - Strategien und Konzepte für wandlungsfähige Unternehmen, Erich Schmidt Verlag, Berlin, S.1-28.

Kaufer, E. (1984): *Die Bewältigung von Überkapazitäten - Eine ordnungspolitische Aufgabe.* In: Funk, J. & Hax, H. & Potthoff, E. (Hrsg.): Kapazitätsrisiken und Unternehmenspolitik, Handelsblatt GmbH, Düsseldorf, S.12-21.

Kern, W. (1962): Bewertung von Warenzeichen, in *Betriebswirtschaftliche Forschung und Praxis, Nr. 1 - 14, 1962, S. 17-31.*

Klein, A. (2009): *Das Experten-Interview* In: Gleich, R. & Klein, A. (Hrsg.): Der Controllingberater: Kostenmanagement in Krisenzeiten, Rudolf Haufe Verlag, Freiburg i. Br., S.15-18.

Krystek, U. (2006): *Krisenarten und Krisenursachen* In: Hutzschenreuter, T. & Griess-Nega, T. (Hrsg.): Krisenmanagement - Grundlagen - Strategien - Instrumente, Gabler, Wiesbaden, S.41-66.

Krystek, U. (2006a): *Frühwarnsysteme* In: Hutzschenreuter, T. & Griess-Nega, T. (Hrsg.): Krisenmanagement - Grundlagen - Strategien - Instrumente, Gabler, Wiesbaden, S.221-245.

Markowitz, H. (1991): *Portfolio selection: efficient diversification of investments*, Blackwell Publishing.

Marr, R. & Elbe, M. & Kaduk, S. (2005): *Arbeitszeitflexibilisierung - Grundlegendes Problem oder Erfolgsmodell moderner Arbeitsbeziehungen* In: Kaluza, B. & Blecker, T. (Hrsg.): Erfolgsfaktor Flexibilität - Strategien und Konzepte für wandlungsfähige Unternehmen, Erich Schmidt Verlag, Berlin, S. 409-424.

Mayer, R. (1998): *Kapazitätskostenrechnung - Neukonzeption einer kapazitäts- und prozeßorientierten Kostenrechnung*, Franz Vahlen, München

McNair, C. & Vangermeersch, R. (1998): *Total Capacity Management - Optimization at the Operational, Tactical and Strategic Levels*, CRC Press.

Meadows, D. (1972): *Die Grenzen des Wachstums - Bericht des Club of Rome zur Lage der Menschheit*, Deutsche Verlags-Anstalt, Stuttgart.

Meffert, J. & Bernhard, E. (2006): *Kostensenkung in Unternehmenskrisen - wirkungsvolles Vorgehen bei einem Turnaround* In: Hutzschenreuter, T. & Griess-Nega, T. (Hrsg.): Krisenmanagement - Grundlagen - Strategien - Instrumente, Gabler, Wiesbaden, S.247-278.

Nagel, M. (2003): *Flexibilitätsmanagement - Ein systemdynamischer Ansatz zur quantitativen Bewertung von Produktionsflexibilität*, Deutscher Universitäts-Verlag, Wiesbaden.

o.V. (2002): *White Paper - Kapazitätsmanagement*, ILOGICS Informatik Service GmbH, Internetquelle vom 26.05.2010: http://www.ilogics.de/download/kap_man.pdf.

o.V. (2008): *Toyota macht erstmals Verlust* in *Frankfurter Rundschau*, Internetquelle vom 21.07.2010: http://www.fr-online.de

o.V. (2009): *Flexibility in Times of Crisis - An extended edition of PRTM's "Global Supply Chain Trends 2008-2010"* - Internetquelle vom 16.06.2010: http://www.prtm.com

Perlitz, M. (2004): *Internationales Management*, fünfte Auflage, UTB, Stuttgart.

Porter, M. (1983): *Wettbewerbsstrategie*, Wissenschaftliche Buchgesellschaft Darmstadt, Darmstadt.

Porter, M. (1999): *Wettbewerb und Strategie,* Econ, München.

Porter, M. (2008): *Wettbewerbsstrategie*, elfte Auflage, Campus, Frankfurt.

Recklies, D. (2001): *Leistungserbringung bei variabler Nachfrage – Strategien zum Kapazitätsmanagement*, Internetquelle vom 01.05.2010: http://www.themanagement.de/Ressources/Kapazitaetsmanagement.htm.

Sasse, A. & Stein, H. (2009): *Krisenprävention durch integrierte Unternehmenssteuerung* In: Gleich, R. & Klein, A. (Hrsg.): Der Controllingberater: Kostenmanagement in Krisenzeiten, Rudolf Haufe Verlag, Freiburg i. Br., S.21-38.

Schmalenbach, E. (1984): *Die Betriebswirtschaftslehre an der Schwelle der neuen Wirtschaftsverfassung.* In: Funk, J. & Hax, H. & Potthoff, E. (Hrsg.): Kapazitätsrisiken und Unternehmenspolitik, Handelsblatt GmbH, Düsseldorf, S.91-101.

Schmidt-Gothan, H. (2007): *Holistisches Sanierungs- und Wertmanagement*, Gabler, Wiesbaden.

Schöneborn, F. (2003): *Strategisches Controlling mit System Dynamics*, Physica, Heidelberg.

Seefelder, G. (2007): *Krisenbewältigung und Sanierung*, Schäffer-Poeschel, Stuttgart.

Taleb, N. (2008): *Der schwarze Schwan. Die Macht höchst unwahrscheinlicher Ereignisse*, Hanser, München.

Terpitz, K. (2010): "Karrieren von Vorstandschefs enden immer schneller" in: *Handelsblatt* vom 18.05.2010.

Tolksdorf, M. (1971): *Ruinöser Wettbewerb - Ein Beitrag zur Phänomenologie und wettbewerbspolitischen Behandlung einer marktwirtschaftlichen Fehlentwicklung*, Duncker & Humblot, Berlin.

Von Martens, T. (2009): *Kundenwertorientiertes Revenue Management im Dienstleistungsbereich*, Gabler, Wiesbaden.

Wagner, H. (2006): *Kollaboratives Bedarfs- und Kapazitätsmanagement am Beispiel der Automobilbranche - Lösungsansatz zur Sicherstellung der Wandlungsfähigkeit.* Huss, München.

Watermann, U. (2000): "Ein Szenario zum Erschrecken - Dennis L. Meadows: Die Grenzen des Wachstums" in: *Zeit*, Internetquelle vom 14.06.2010: http://www.zeit.de

Westkämper, E. & Balve, P. (2009): *Technologiemanagement in produzierenden Unternehmen* In: Bullinger, H.J. & Spath, D. & Warnecke, H.J. & Westkämper, E. (Hrsg.): Handbuch Unternehmensorganisation, dritte Auflage, Springer, Berlin/Heidelberg, S. 126-140.

Wildemann, H. (2005): *Betreibermodelle: Ein Beitrag zur Steigerung der Flexibilität von Unternehmen?* In: Kaluza, B. & Blecker, T. (Hrsg.): Erfolgsfaktor Flexibilität - Strategien und Konzepte für wandlungsfähige Unternehmen, Erich Schmidt Verlag, Berlin, S. 137-152.

Wlecke, U. (2006): *Vertrauen und Transparenz in Unternehmenskrisen* In: Hutzschenreuter, T. & Griess-Nega, T. (Hrsg.): Krisenmanagement - Grundlagen - Strategien - Instrumente, Gabler, Wiesbaden, S.489-534.

Wöhe, G. & Döring, U. (1990): *Einführung in die Betriebswirtschaftslehre*, 17. Auflage, Verlag Franz Vahlen, München.

Xylander, J. (2003): *Kapazitätsmanagement bei Reiseveranstaltern - Entscheidungsmodelle zur Kontingentierung im Yield Management*, Deutscher Universitäts-Verlag, Wiesbaden.

Yu-Lee, R. (2002): *Essentials of Capacity Management*, John Wiley & Sons, New York.

Zahn, E. & Bullinger, H. & Gagsch, B. (2009): *Führungskonzepte im Wandel* In: Bullinger, H.J. & Spath, D. & Warnecke, H.J. & Westkämper, E. (Hrsg.): Handbuch Unternehmensorganisation, dritte Auflage, Springer, Berlin/Heidelberg, S. 110-125.

Zahn, E. & Nowak, M. & Schön, M. (2005): *Flexible Strategien für wandlungsfähige Unternehmen* In: Kaluza, B. & Blecker, T. (Hrsg.): Erfolgsfaktor Flexibilität - Strategien und Konzepte für wandlungsfähige Unternehmen, Erich Schmidt Verlag, Berlin, S. 55-103.

Zentrum für Insolvenz und Sanierung an der Universität Mannheim e.V. (2009): *Wirtschaft Konkret Nr. 107*, Internetquelle vom 21.04.2010: http://www.zis.uni-mannheim.de/

Zentrum für Insolvenz und Sanierung an der Universität Mannheim e.V. (2006): *Studie (Wirtschaft Konkret Nr. 414)*, Internetquelle vom 21.04.2010: http://www.zis.uni-mannheim.de/

EINZELSCHRIFTEN

Christoph Zulehner
Strategisches Führen in Gesundheits- und Pflegeunternehmen – Handbuch für die Praxis
Lohmar – Köln 2011 ◆ 272 S. ◆ € 35,- (D) ◆ ISBN 978-3-8441-0018-1

Mirko Mertenskötter
Qualität, Vertrauen und Akzeptanz im Kontext der Internen Revision
Lohmar – Köln 2011 ◆ 368 S. ◆ € 64,- (D) ◆ ISBN 978-3-8441-0019-8

Jan Breitweg
Planung, Finanzierung und Management von Kunstfonds – Eine empirische Analyse
Lohmar – Köln 2011 ◆ 252 S. ◆ € 57,- (D) ◆ ISBN 978-3-8441-0027-3

Patrick Kraus
Die Auswirkung von Corporate Governance und Nachhaltigkeit auf den Unternehmenserfolg – Eine Betrachtung im Kontext der wertorientierten Unternehmensführung
Lohmar – Köln 2011 ◆ 176 S. ◆ € 48,- (D) ◆ ISBN 978-3-8441-0028-0

Dennis Schlegel
Subsidiary Controlling with Strategically Aligned Performance Measurement Systems
Lohmar – Köln 2011 ◆ 140 S. ◆ € 43,- (D) ◆ ISBN 978-3-8441-0030-3

Stefan Karenfort
Synergy in Mergers & Acquisitions – The Role of Business Relatedness
Lohmar – Köln 2011 ◆ 148 S. ◆ € 43,- (D) ◆ ISBN 978-3-8441-0035-8

Max Monauni
Fixkostenmanagement – Strategischer Ansatz zur Flexibilisierung von Produktionskapazitäten
Lohmar – Köln 2011 ◆ 112 S. ◆ € 38,- (D) ◆ ISBN 978-3-8441-0038-9